エンジンチューニングを科学する

工学博士
林　義正

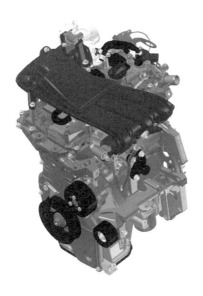

グランプリ出版

目　次

吸入空気量の増大と燃焼の改善に着目した ……………………………… 8

フリクションの低減に着目した …………………………………………… 10

性能向上と耐久性とのバランスに着目した ……………………………… 12

点火時期を進めた …………………………………………………………… 14

空燃比を濃くした …………………………………………………………… 16

圧縮比を高くした …………………………………………………………… 18

吸気ポートの曲がりの部分を削り取った ………………………………… 20

吸気ポートの内面を研磨した ……………………………………………… 22

吸気ポートをコブラポートにした ………………………………………… 24

カムを再研磨してプロフィールを変えた ………………………………… 26

カムシャフトの取り付け角度を変えた …………………………………… 28

カムシャフトの軸の黒皮部分を削り取った ……………………………… 30

クランクシャフトのジャーナルやピン部をラップした ………………… 32

クランクシャフトの油穴を大きくした …………………………………… 34

クランクシャフトのバランスを取った …………………………………… 36

クランクシャフトのウェブやカウンターウェイトを削って軽量化した … 38

ピストンを新品と交換した ………………………………………………… 40

ピストンをワンサイズ小さくした ………………………………………… 42

ピストンの当たりを修正するために削った ……………………………… 44

ピストンリングを合い口の小さいものと交換した ……………………… 46

ピストンリングの張力を変えた …………………………………………… 48

リング幅の小さいものが使えるようにピストンを作り替えた ………… 50

ピストンリングの数を減らした …………………………………………… 52

ピストンを削って軽量化を図った ………………………………………… 54

ヘッドガスケットを薄くした ……………………………………………… 56

ヘッドガスケットの水穴の大きさを変えた ……………………………… 58

軟らかいエンジンオイルに交換した ……………………………………… 60

エンジンオイルに添加剤を加えた ………………………………………… 62

オイルフィルターを目の粗いものに替えた ……………………………… 64

サーモスタットを取り外した ……………………………………………… 66

冷却液を水に替えた ………………………………………………………… 68

マフラーをずんどうにした ………………………………………………… 70

排気チューブを太くした …………………………………………………… 72

排気マニホールドを板金製にした……………………………………74

排気管の集合部の位置を変えた……………………………………76

点火プラグを熱価の高いものと替えた……………………………78

点火プラグを電極の形状のちがうものと交換した………………80

点火エネルギーを大きくした………………………………………82

吸気バルブの傘径を大きくした……………………………………84

排気バルブの傘径を大きくした……………………………………86

バルブの擦り合わせをした…………………………………………88

バルブシートの形状を変えた………………………………………90

バルブをステム径の大きなものと交換した………………………92

エアホーンを取り付けた……………………………………………94

エアチャンバーの形状を変えた……………………………………96

スロットルチャンバーを口径の大きなものと交換した…………98

エアクリーナーを改造した…………………………………………100

フライホイールを薄くした…………………………………………102

スプリングの強いクラッチカバーに交換した……………………104

吸気マニホールドの長さを変えた…………………………………106

板金製の吸気マニホールドにした…………………………………108

吸気マニホールドからヘッドのポートにかけて徐々に細くした……110

過給圧を上げた………………………………………………………112

ターボをサイズの大きなものに替えた……………………………114

インタークーラーの能力を上げた…………………………………116

オイルクーラーを取り付けたりサイズを上げた…………………118

ラジエターを容量の大きいものに替えた…………………………120

油圧レギュレーターバルブのセット圧を高くした………………122

ラジエターの加圧キャップの開弁圧を高くした…………………124

耐荷重の大きなベアリングに交換した……………………………126

ベアリング部のオイルクリアランスを広げた……………………128

シリンダーをボーリングして排気量を大きくした………………130

コネクティングロッドを研磨した…………………………………132

コネクティングロッド・ボルトの締めつけトルクを大きくした……134

シリンダーヘッド・ボルトの増し締めトルクを大きくした……136

シリンダーブロックの内側のバリ取りをした……………………138

オイルギャラリーの径を拡大した…………………………………140

オイルポンプを容量の大きなものと交換した……………………142

ウォーターポンプを容量の大きなものと交換した………………144

バルブスプリングを強くした………………………………………146

タペットやロッカーアームを細工して軽くした…………………148

オイルタペットをシム式に変えた ……………………………………………… 150
燃焼室を削って吸気や排気の流れを改善した …………………………… 152
シリンダーヘッドの下面を削って圧縮比を上げた …………………………… 154
2ℓエンジンに1.8ℓ用のヘッドを載せ替えた ………………………………… 156
ピストンのバルブリセスを大きくした ………………………………………… 158
ピストンの頭部を張り出させて圧縮比を上げた ……………………………… 160
ドライサンプ式に変更した …………………………………………………… 162
誘導式の点火系をCDIに替えた ……………………………………………… 164
抵抗入りのハイテンションコードを抵抗のないものに替えた ………………… 166
オルタネーターやバッテリーを小さいものに替えた ………………………… 168
インジェクターの取り付け位置を変更した …………………………………… 170
コンロッドをスティール製からチタン製に替えた …………………………… 172
ヘッドガスケットをジョイントシート製からメタルガスケットに替えた ……… 174
燃料ポンプを容量の大きいものに替えた …………………………………… 176
シリンダーの内面をツルツルにした ………………………………………… 178
シリンダーヘッドとブロックの合わせ面を再仕上げした …………………… 180
クランクシャフトのカウンターウェイトに比重の大きな金属を取り付けた …… 182
スティール製のオイルパンをアルミ鋳物製に替えた ………………………… 184
オイルパンの中のバッフルプレートの形状を変更した ……………………… 186
メインベアリングキャップを強化した ………………………………………… 188
カムシャフトを粗材からつくり直した ………………………………………… 190
クランクにフライホイールとクラッチカバーを取り付けてバランスを取った …… 192
マウンティング部を改造してエンジンの搭載姿勢を変えた ………………… 194
ガセットを入れてエンジンとトランスミッションとの結合剛性を上げた ……… 196
リブやフィンの一部を削った ………………………………………………… 198
排気パイプの径を曲がりの部分で拡大した ………………………………… 200
燃焼ギャラリーをつくり替えた ……………………………………………… 202
クランクプーリーを小さくした ……………………………………………… 204
クランクのダイナミックダンパーを取り外した ……………………………… 206
ブローバイを大気開放した …………………………………………………… 208
コンピューターのROMを変更した …………………………………………… 210
インジェクターを噴射量の多いものに交換した …………………………… 212

は じ め に

　エンジンはもっとも複雑な総合機械であるといわれている。機械工学で使う4大力学、すなわち材料力学、機械力学、流体力学、熱力学のすべてを駆使して設計される工業製品は多くない。複雑なエンジンは生き物のようであり、先天的な素質をチューニングによって導き出したり、そう大きくはないが変えたりすることができる。本書では、科学的にチューニングを考えることに重点を置いた。その過程で経験の活用が重要である。例えば、インジェクターはこちらの方が流量が大きいからといって替えるのではなく、吸気系のチューニングによって吸入空気量がこれだけ増大するのでインジェクターを替えると同時に、燃料噴射パルス幅も見直して全体としてのバランスを取ることの重要性について強調している。また、エンジンの構成要素に手を加えるときには、熟練や経験が必要である。ここでは、ハードウェアの持つポテンシャルを100％引き出す運転変数の最適化をマッチングと定義し、ハードの改善とマッチングを合わせてチューニングと呼ぶことにする。

　よいチューニングはバランスを取りながら、無理をせずにベースとなるエンジンの素質を引き出したり、さらに向上させることである。パワーアップを図っても、耐久性を犠牲にするようでは正しいチューニングとはいえない。チューニングにはいろいろのファクターが複雑に絡み合っていて、それらの掛け算の答えが一連の作業の成果である。どれか一つでもゼロがあれば、努力は水泡に帰してしまう。チューニングには広い視野で臨み、配線の色やクランプの仕方、コネクターに至るまで細心の気配りが必要である。

　本書の単位系としては馴染みの深い工学単位を主に用い、必要に応じてSI単位も併記するようにした。しかし、数式でSI単位の方が簡単になり理解しやすいと思われるものについては、SI単位系を主としている。

　また、公道を走行する場合は排気規制の適用を受けるので、排気や騒音評価テストに合致する範囲でチューニングを楽しんでいただくことを願っている。例えば、三元触媒が作動しないような空燃比にしたり、EGRやマフラーを取り外したりすることは、ぜひ慎んでいただきたい。エンジンのチューニングは立派な科学であり、これをマスターすれば、その応用範囲はかなり広い。工学の題材として本書をお読みいただけたら幸いである。

林　義　正

吸入空気量の増大と燃焼の改善に着目した

　エンジンのパワーの源は燃焼室内で発生する熱エネルギーである。単位時間内に発生させるエネルギーを増やすためには、より多量の燃料を燃焼させなければならない。そのためには、より多量の吸入空気が必要になる。吸入空気量の増大はパワーアップのもっとも基本的な条件である。シリンダーが吸入した空気の量を評価する尺度として吸入効率がある。そして、吸入効率は体積効率（容積効率とも呼ぶ）と充填効率とに分けられる。前者の容積効率とは、そのときの大気の圧力と温度の下で吸入した空気の体積と、ピストンが上死点から下死点まで動いてできたシリンダーの容積変化、つまり排気量との比である。あるいは、これを空気の重量に換算して比にすることも

あるが、同じ値になる。ところが、吸入した空気の温度が高ければ、体積が同じでも重量は軽くなってしまう。また、高地では大気圧が低くなるので空気密度が小さくなり、同じ容積効率でも吸入した空気の重量は小さくなる。ここまで考慮して表す評価尺度が、後者の充填効率である。これは、図1のように、すべて標準状態での圧力と温度に換算した、空気の重量の比である。パワーアップを図るためには、最終的には充填効率を向上させることである。だが、その前にまず容積効率を増大させることから着手する。

　圧縮性である空気の重量をうまく利用すれば、ピストンが動いてできた容積変化以上の体積の空気を吸入させることが可能になる。これを吸気の慣性効果と呼

図1　吸入効率の定義

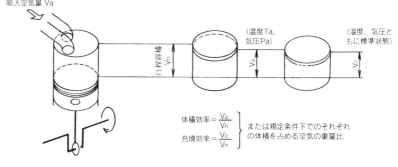

図2　エンジン出力向上の基本的なコンセプト

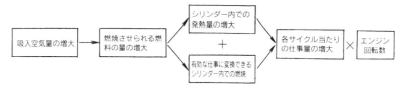

び、後で説明するようにチューニングの常套手段である。しかし、シリンダーに吸入されるまでに、空気の温度が上がってしまうと密度が低下するので、なるべく暖まらないようにするのがよい。このようにして空気量を増やせば、燃焼できる燃料の重量も増加する。だが、燃料をシリンダーの中でいかに速く燃焼させるかが、高出力化のカギとなる。ピストンが混合気を上死点まで圧縮してきたとき急速に燃焼すれば、作動ガスの圧力が高くなり、ピストンに働く力が大きくなると同時に、有効にピストンを押す時間が長くなる。これによって、後の項で述べる図示平均有効圧が増大し、トルクが大きくなる。

　よい燃焼を得るための三大条件は、よい混合気、よい圧縮、よい火花である。これは実用エンジンでもレーシングエンジンでも同じである。シリンダーの中でタンブルフローやスワール、スキッシュ、タービュレンスなどのガス流動を起こさせて、燃料と空気との混合を促進し点火に備える。また、成層燃焼ではなくても、点火プラグ周辺に火が点きやすい混合気がくるようにするのは大切なことである。圧縮比を高くすると熱効率が上がって図示平均有効圧が大きくなるが、一方ノッキングが障害となって、点火時期を進められずに出力の増大につながらないこともある。これについては後で説明する。急速燃焼を実現するためにも、圧縮比の増大は必要である。だが、これには燃焼室の形状やシリンダー径、圧縮終わりの混合気の質や温度、ガス流動の状態などが大きく影響する。吸入空気量を増やし、急速燃焼を実現することが、チューニングの基本的なコンセプトである。この実現について、本書では項目別に順次説明していく。

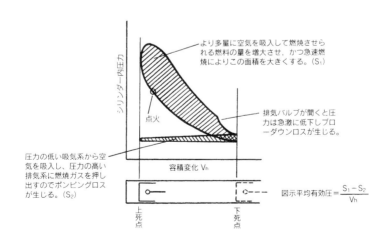

図3　各サイクル当たりの有効仕事の増大

フリクションの低減に着目した

吸入空気量が増え、さらに多量の燃料を燃焼させられるようになれば、シリンダーの中で発生する熱量は増大する。そして、燃焼は短時間で完了するよう、急速燃焼が高性能エンジンであるための必須条件である。その結果、図示平均有効圧P_{mi}kgf／cm^2が増大するので、下式から分かるように図示馬力L_i psおよび図示トルク$T_i$kgfmもこれに比例して大きくなる。ここで、V_hは排気量、nはエンジン回転数で、単位はそれぞれcm^3、rpmを用いている。この式の誘導の過程や熱力学的な意味についての詳細は、拙著「乗用車用ガソリンエンジン入門」をご覧いただきたい。結論として4サイクルエンジンでは、

$$L_i = P_{mi} \times V_h \times n ／ 9000 \text{ps}$$

また $T_i = P_{mi} \times V_h ／ 400\pi$ kfgmとなる。なお、工学単位である1 psは75kgfm／sにSI単位系では0.7355kWに相当する。また、1kgfは9.8Nに、1kgf／cm^2は98kPaに換算される。

エンジンが回転をするためには、いろいろな摩擦損失がある。ピストンとシリンダーやジャーナルと軸受けとの摩擦、動弁系やオイルポンプ、ウォーターポンプ、オルタネーターなどの補機類の駆動に要する摩擦馬力（損失馬力）$L_f$psである。したがって、クランクシャフトの後端から取り出せる正味馬力あるいは軸出力$L_e$psは$L_i - L_f$となり、L_fだけ目減りしてしまう。パワーアップには図示馬力の増大と摩擦馬力の低減の二方向の対策が必要である。ここで、直接測定はできな

図1　3つの平均有効圧の関係

図2　軸トルクの増大方法

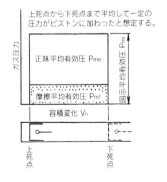

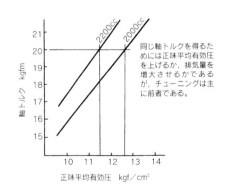

いが、L_fから計算で求めた摩擦平均有効圧P_{mf}を用いると、正味平均有効圧P_{me}kgf／cm^{2}は$P_{mi} - P_{mf}$となる。これらの平均有効圧は排気量とは無関係にエンジンの特性を比較でき便利である。摩擦損失は図3のように回転数のほぼ1.5乗に比例して増大する。せっかく増大させた図示馬力を無駄に使ってしまうので、高速回転化を図るとき必ず問題になる。

　フリクションが減れば出力はその分大きくなるだけではなく、吹き上がりがスムーズになる。場合によっては全く違ったエンジンになったような気がすることもある。ここで、フリクションの低減はいろいろの部分を改善しながら、その積み上げで効果を出すしか方法はない。ピストンやジャーナルと軸受けなどの摩擦部分は、仕上げの状態でも大きく変化する。また、ピストンリングの数や張力は、フリクションにもっとも影響が大きい。

補機類の駆動は最低限の回転速度にするように、プーリー径を変えたり容量を減らす。例えば、オルタネーターを小さいものに替えたり、プーリー径を大きくして回転を下げる。粘度の低いエンジンオイルを使えば、摩擦損失は小さくなる。だが、このような対策には必ずはね返りがあるので、細心の注意が必要である。全般にフリクションが小さくなると、ライトを点けたり、パワーウインドなどを作動させ消費電力が急に大きくなると、一瞬アイドリング回転数が下がったりする。低粘度オイルに替えたために、ベアリングが焼き付くこともある。ピストンリングの数を減らしたり張力を小さくしたために、圧縮圧が下がったりフラッタリングが起きて、ガス漏れが大きくなることもある。個々のフリクションの低減方法については後の項で説明することにする。

図3　高速回転化によるフリクションの増大

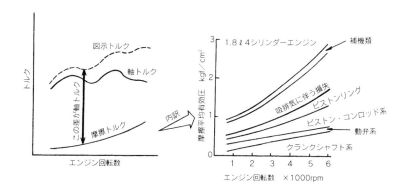

性能向上と耐久性とのバランスに着目した

　エンジンの出力を上げるためには、燃焼ガス圧力を大きくしたり高回転化を図らなければならない。ピストンに加わるガス力や運動系の慣性力が大きくなると、必ず機械的な部分の耐久性や信頼性にはね返りがある。また、高速回転化は制御系の高い信頼性によって可能になる。耐久性とは所定の性能を発揮した上での耐久・信頼性である。例えば、ル・マンやデイトナ24時間耐久レースで戦うマシンは、25％の安全率を見込んでも30時間の耐久性があれば十分である。だが、これは一般路上走行に換算すると、40〜50万kmの耐久性に相当する。全力で2時間のレースを戦い抜くF1マシンは、もし路上走行をさせたらかなりの耐久性になるはずである。普通のチューニング程度では、よほど設計が悪くない限り、エンジンを回してすぐに壊れるような一発破壊は稀である。

　エンジンや自動車に限らず電気製品でも、使用経過時間と故障率との間には経験工学的に図2のような関係がある。エンジンでも、ダイナモメーターにセットしラッピング中に発生する不具合は初期故障である。やがて、安定期に入り故障率は小さくなるが、それでも材料の欠陥などで偶発的な故障が発生する。使用時間が長くなると、疲労破壊が起き寿命を迎える。私は耐久レース用のエンジンでは、ラッピングや初期性能を評価する期間を初期故障期に当て、偶発故障期の中間を少し過ぎたところでレースを終えるように信頼性の設計をしていた。エンジ

図1　エンジンの高出力化は耐久・信頼性へのはね返りを伴う

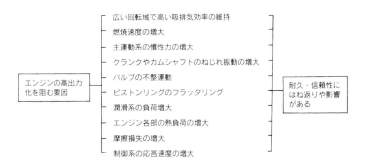

ンを構成している部品に繰り返して力が加わると、図3のように繰り返し数に対して、耐えられる応力が決まってくる。この線図をSN曲線という。大きな力ならば繰り返し数が小さくても破壊が起き、ある応力以下ならば永久に疲労破壊が発生しないことを意味している。その境界が10^7回である。この曲線は材料や加工の状態によって変化する。例えば、同じ繰り返し数なら一般構造用鋼よりクロムモリブデン鋼がより高い応力に耐えられる。コネクティングロッドをバフ研磨すれば、疲労破壊発生の起点となる表面の微視的な傷が除去されるので、より高い応力に耐えられる。あるいは、同じ応力ならばさらに耐久性が大きくなる。

チューニングによって燃焼ガス圧力は高くなる。例えば、85mmの径のピストンに75気圧のガス圧が作用するようになれば、約4.3トンの力になる。ターボで過給して燃焼ガス圧が100気圧になれば、5.7トンの力がピストンピンやコネクティングロッドを経由してコンロッドメタルやメインベアリングを直撃する。ストロークが80mmのエンジンが7200rpmで回るようになれば、400gのピストンは930kgfの慣性力を発生させる。この慣性力は回転数の二乗に比例して増大する。私の経験では対策をしながら高速回転化を図っても、回転数を10%上げると耐久性は30%程度下がった。回転数を上げるとベアリングの滑り速度も増大するので、軸受け荷重の増大とともに潤滑も難しくする。さらに、動弁系の運動も不整になるので、その対策も必要になる。フリクションを減らそうとしてベアリングの幅や軸径を小さくすると、ますます軸受け荷重は大きくなる。エンジンの性能向上と耐久性は常に両輪であり、バランスを取ったチューニングが基本である。

図2 故障の3パターンと発生時期

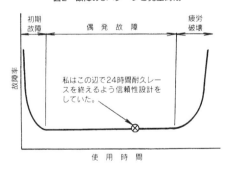

図3 疲労破壊に与える応力の影響（模式図）

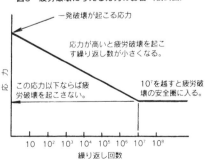

点火時期を進めた

　点火時期と空燃比はチューニングのもっとも基本的な要素である。点火時期が遅れているとエンジンのもつポテンシャルを100％引き出すことはできないし、進め過ぎるとノッキングを起こしてエンジンを壊してしまうことがある。図1のようにエンジンを定常状態で運転し、点火時期を遅い方から徐々に進めていくと、軸トルクは増大しピーク点に達する。しかし、さらに進めるとノッキングが発生してトルクは激減する。

　このピークの99.5％のトルクが得られる点火時期の遅い方をMBT（Minimum Advance for the Best Torque）と呼び、ここに点火時期をセットするのが最適である。同じトルクが得られるならば、点火時期は遅い方がノッキングに対して余裕があるからである。あまりギリギリまで点火時期を攻め込むと、ガソリンの性状が変化したり、冷却水や吸気の温度が上昇するとノッキングを起こす危険性がある。図2のようにトルクが最大となる点の付近では点火時期に対するトルクの変化は小さいので、若干の犠牲を覚悟の上で点火時期をMBTより2°程度遅らせることがある。私の経験では高過給のターボエンジンの場合、MBTより1〜3°遅らせておいた方が無難である。

　ここで、図3のようにMBT点は必ず上死点（Top Dead Centre、略してTDCという）より前であり、例えば上死点より30°手前（Before）で点火した場合、30°BTDCと表す。点火時期が遅れていると力がなくなる他に燃費が悪くなり、

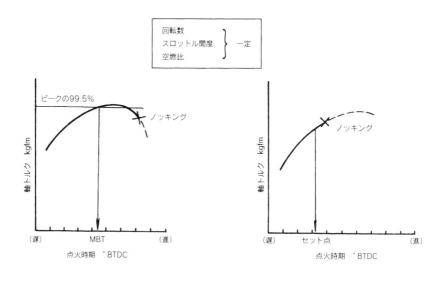

図1　MBT点にセットする場合　　　　図2　MBTより手前でノッキングが発生する場合

排気温度も上昇する。また、オーバーヒートを起こしやすくなる。これは、仕事になるべきエネルギーが排気損失や冷却損失となってしまうからである。ところが、エンジンの運転条件によっては図2のように、MBTまで進角させないうちにノッキングが発生する場合がある。このときは、ノッキングが起こる点火時期の数度手前にセットすることになる。

MBTは常に一定ではなく、エンジンの回転数、スロットル開度、空燃比、過給圧、冷却水や吸気の温度、ガソリンのオクタン価、燃焼室のカーボンの堆積具合などで変化する。結論として、点火時期が遅れている運転条件のところで、進角させることはきわめて効果的だが、くれぐれもノッキングに気を配ることが大切である。

ところが、気をつけなくてはならないのは、ノックセンサーのついた電子制御式のイグニッションシステムを採用している場合である。普通のシステムではコストダウンのため、制御ユニットの中には2つのマップをもっていて、ノッキングを検出すると遅い点火時期のマップに切り替えるだけである。ノーマルなマップとノッキングを回避する遅角用のマップとでは、クランク角度で10°程度の差がある。それで、もしクランク角センサーを内蔵したディストリビューターをローターの回転と逆方向に回してアイドリングでの点火時期が進んだとしても、中高速でノッキングがちょっとでも起こると遅角側のマップに自動的に切り替わることになる。これでは、せっかく進めたつもりが裏目となってしまう。

もっとも、レース用に特注すればノッキング直前のギリギリのところで、点火するようなフィードバック制御のユニットを作ることは可能である。

図3　点火時期の定義

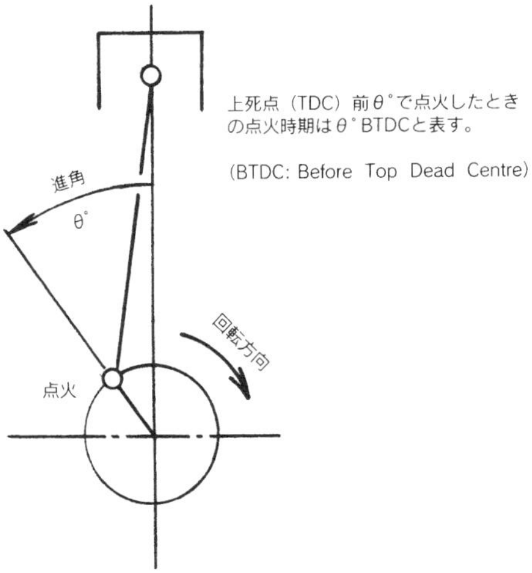

図4　ノッキング発生時のシリンダー内ガス圧力

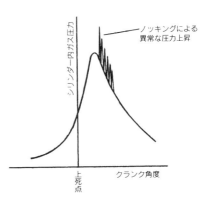

空燃比を濃くした

　空燃比が薄いとパワー感がなくなり、濃過ぎてもトルクが低下する。また、空燃比が濃いと点火プラグを汚損したり、燃焼室にカーボンが堆積していろいろな弊害を引き起こす。ここで、空燃比とはエンジンが吸入した空気と燃料の重量比のことである。特に、燃料と空気が過不足なく反応する空燃比のことを理論空燃比と呼び、普通のガソリンを使った場合14.7くらいになる。

　空燃比がこれより小さければ濃い（リッチ）と称し、大きければ薄い（リーン）という。エンジンを動力計にセットして、回転数とスロットル開度および点火時期を一定に保って運転し、空燃比を徐々に濃くしていくと図2のようにトルクは増大しピークに達する。さらに濃くすると

トルクは低下してしまう。このピークの99.5％のトルクが得られる空燃比の薄い方をLBT（Leaner side for the Best Torque）と呼び、ここに空燃比をセットするのが出力的にはもっとも有利である。同じトルクが得られるならば、薄い方にセットした方が燃費が良く、また濃すぎるために生ずる弊害も少なくてすむからだ。

　ピストンを燃料で冷却するために濃くすることもあるが、エンジンオイルをガソリンで希釈することがある。この現象は冷却水やオイルの温度が低いとさらに助長される。また、ノッキングを避けるために空燃比を濃くセットするときにも同様の注意が必要である。最近では空燃比を手軽に測定できるが、エンジンの運

図1　空燃比の定義

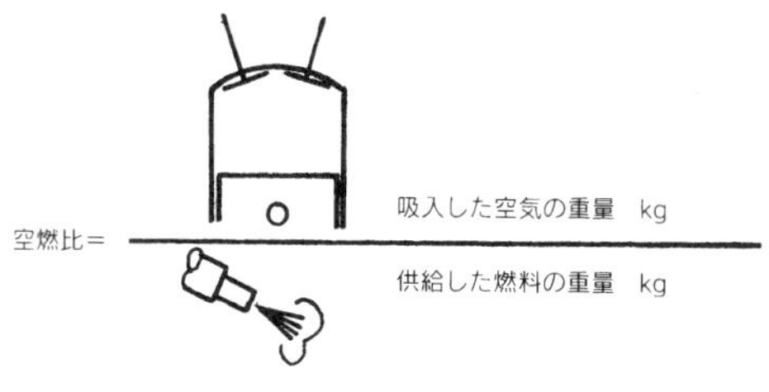

空燃比 ＝ 吸入した空気の重量　kg / 供給した燃料の重量　kg

図2　パワー重視の空燃比セット

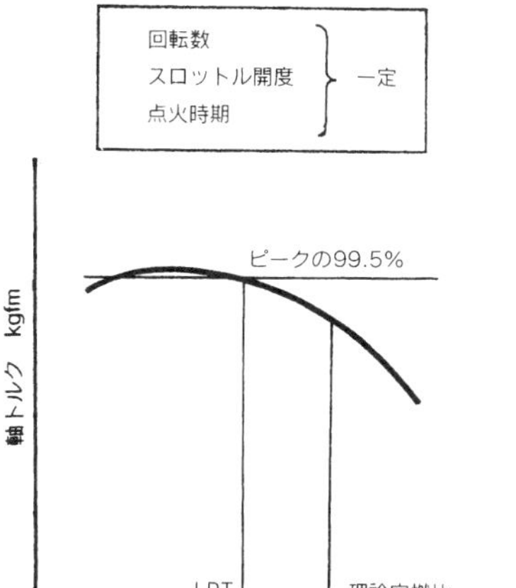

回転数
スロットル開度　}　一定
点火時期

軸トルク　kgfm

ピークの99.5％

（濃）　空燃比　（薄）

LBT　理論空燃比

転状態が正常であることを確認してから行うことが大切である。例えば、冷却水の温度が低いときには、自動的に濃くなるように制御されているので、暖機時とは違う空燃比となっていることがある。

空燃比が問題になるのはエンジンが定常（一定の回転速度）で回っているときよりも、むしろ加速時の方が多い。エンジンが吸い込む空気にくらべ燃料の供給に遅れが生じるので、一瞬薄くなりトルクの低下やひどい場合にはミスファイアが発生する。そこで、スロットルを急に開いて加速に入ったごく初期段階に燃料を増量して、薄くなるのを防ぐのが一般的である。可変ベンチュリー式のキャブレターでは加速増量装置がないものが普通だが、電子制御式の燃料噴射装置では図3のような割り込み噴射などの増量手段をとる場合が多い。急にスロットルを開いて加速に入った瞬間には燃焼室内の混合気の状態が不安定で、点火プラグの電極の周りが薄くなってしまうこともある。それを防ぐために全体を濃くして切り抜けることが必要になる。だが、加速増量は必要最低限とし、増量の期間も可能な限り短くすることが大切である。薄いと瞬発力に欠け、ひどい場合には息つきが起こる。また、濃すぎると吹き上がり感が悪くなる。

定常運転時にはLBTになるようにセットし、加速時には必要最低限これより濃くするのが、もっともパワーが得られるマッチングである。二輪のようなキャブレターによる燃料供給系では、ニードルの削り方によってパワー感がぐっとちがってくる。私も四輪で、ウエーバーやソレックスの固定ベンチュリー式のキャブレターのジェットやエアブリード、加速ポンプの吐出量などのセッティングで腕をみがいたものである。

図3　急加速時の割り込み噴射の例

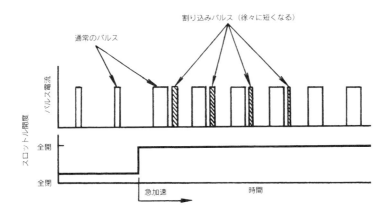

17

圧縮比を高くした

　シリンダーヘッドの下面を削ったり、ヘッドガスケットを薄いものに替えたりして圧縮比を上げるのはチューニングの代表的な手段である。高圧縮比化によりエンジンは見違えるほどパワフルになることがある。圧縮比とは図1のように、ピストンが下死点にあるときのピストン冠面より上の部分の容積と上死点のときのそれとの比である。この図から分かるように圧縮比を高めるためには、燃焼室の容積を小さくしなくてはならない。ここで、Vcには拙著「レーシングエンジンの徹底研究」にある通り、ピストンのトップランドとシリンダーとの間隙の容積も含まれる。

　圧縮比とエンジンの理論熱効率との間には図2のような関係がある。この図によると圧縮比を上げると熱効率は上がるが、だんだんとその効果が小さくなっていくことがわかる。

　例えば、圧縮比を8から9に上げると理論熱効率は4.4％、11から12に上げると2.7％向上することになる。ここで、熱効率が向上するということは、消費する燃料の量が同じならば、その分パワーが出ていることを意味する。しかし、現実のエンジンでは圧縮比を上げると冷却損失やフリクションが増大するため、もしノッキングが発生しなくても15くらいが限度である。結論を先にいうと、NAエンジンを普通にチューニングする場合は13くらいである。

　理論熱効率とは冷却や摩擦などによる損失がなく、ノッキングやデトネーショ

図1　圧縮比の定義　　　　　　　　図2　高圧縮比化の効果

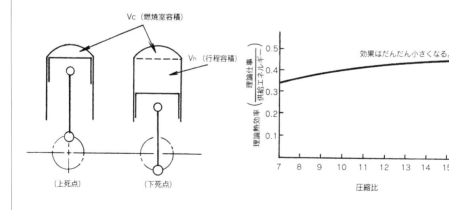

ンも起こらない想像上のエンジンの熱効率のことである。レギュラーガソリン仕様のエンジンの圧縮比はハイオクタン仕様の場合より低いので、圧縮比を上げてハイオクタンガソリンを使用するとパワーアップ効果は大きい。

だが、高圧縮化には危険がつきものである。圧縮比を高めると圧縮終わりのガス温度が上昇し、また残留ガスやスキッシュの状態なども変わるので、燃焼特性が変化する。まず、圧縮比を上げるとノッキングを起こしやすくなる。前々項で説明したMBTまで点火時期を進めないうちに、ノッキングが発生することがある。この場合は図3のようになり、圧縮比を上げない方がMBTまで進角でき、圧縮比を高くしたためにかえって損をすることになる。この傾向はNAよりターボなどの過給エンジンの方が顕著である。次にバルブとピストンが近づくので、

これらの干渉は要注意である。また、ヘッドガスケットを薄くした場合には図4のようにスキッシュエリアにカーボンを挟み込んでノッキングと同じような異音（カーボンノック）を発することがある。細かいことであるが、ヘッドを削ったりガスケットを薄くすると、クランク軸とカムシャフトの間隔が若干なりとも近づくので、バルブタイミングへの影響も考慮しておくことが必要である。

冷却水や吸気の温度を低く保てれば、圧縮終わりのガス温度を低くできノッキングに対する余裕が生まれる。極端な場合として、航空用ガソリン（アブガス）を使うとその余裕はさらに大きくなり、もっと圧縮比を上げることも可能になる。とにかく圧縮比をギリギリまで攻め込んでおくことはチューニングの基本であるが、ノッキングにどう対処するかで限界は決まってくる。

図3 圧縮比が高過ぎた場合

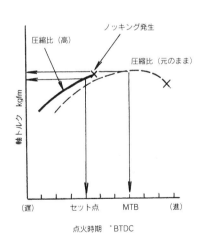

図4 ヘッドガスケットを薄くした場合の要注意点

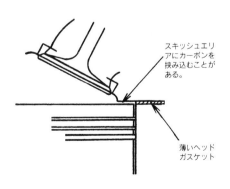

吸気ポートの曲がりの部分を削り取った

　吸気バルブ近くで急に曲がったポートの下側の部分、俗にいうアゴを図1のように削り取ると、もっとパワーが出そうな感じがする。ところが、私はこれには反対である。よほど慎重にポート形状を検討してからでないと逆効果になりかねない。まず、アゴを削ると吸気がスムーズにシリンダーに吸入されるとはかぎらない。この部分で渦が発生して、実質的なポート断面積が減るからである。また、シリンダー中のガス流動の特性も変わってしまうことがあり、燃焼にも影響が出るからである。

　私は次のような経験をしたことがある。コンピューターで計算して設計し、NC（数値制御）マシンで内面加工した吸気ポートのアゴの部分を、チューニングのベテランがこの部分が気に入らないと削り取った。しかし、エンジンのパワーは低下したのである。そこで、シリンダーヘッド単体で空気流量特性を調べたところ、明らかに吸気抵抗が増加していた。さらに、各ポートを手加工で同じように修正することは難しく、ばらつきが生じやすい。その結果、燃焼特性にもばらつきが出て、ノッキングを起こしやすいシリンダーができることがある。すると、点火時期をこのシリンダーに合わせてセットすることになるので、他のシリンダーでは遅れてしまう。

　アゴを削ると、圧縮終わりのシリンダー中のガス流動特性を悪化させることがある。図2のように吸気はポートから真っ直ぐ流れるようになって主流成分が増

図1　好ましくない吸気ポートの加工

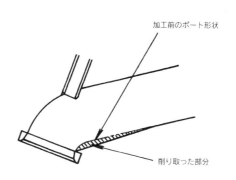

大し、そのはね返りとして手前に回り込む成分が小さくなる。

このようにシリンダー中のタンブルフローの状態が変化し、しばしば燃焼特性を変えてしまうことがある。主流が8、反対回り2がレーシングエンジンとして良いバランスであるようだが、アゴを削ると反主流が減り危険である。吸入行程中にシリンダー内に生じた新気の大きな渦が圧縮行程中に押しつぶされながら、小さな乱れ（タービュレンス）に変わっていく。このとき、吸入行程中に得た新気の運動エネルギー特性が強く影響している。万一、アゴを削って吸入効率が改善されても、燃焼速度が遅くなるのでは結局マイナスである。

メーカーでポートの内面を曲がりの部分も含めて機械加工したものもあるが、この場合は下手に手を加えない方が無難である。しかし、吸気バルブのサイズを大きくしたときにはポート径も拡大しないと、十分にその効果を引き出せない。この場合は、吸気系全体のレイアウトを見直して修正加工を施すことが大切である。拙著「乗用車用ガソリンエンジン入門」にもある通り吸気ポートはコレクターからバルブスロートに向かって徐々に絞った（ADポート）方が、中低速トルクを上げやすい。しかし、これに反してバルブの近くだけを太くするのでは、剥離を助長するだけになってしまう。

ただし、吸気バルブが1つのエンジン（2バルブエンジン）では一般にバルブをシリンダーの中心からオフセットして、スワールを発生するようになっている。この場合は、アゴを削ってシリンダーに流入する新気の水平方向の速度成分を増加させると、スワールが強化され、運転条件によっては燃焼にとってメリットがあることもある。

図2　逆向きのタンブルフローの減少

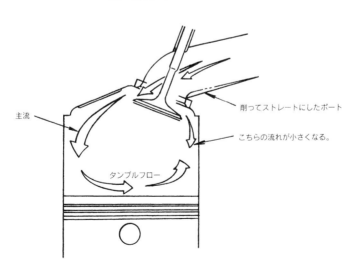

吸気ポートの内面を研磨した

　吸気ポートや排気ポートの内面をグラインダーなどで研磨してツルツルに仕上げると、吸排気抵抗が減りパワーアップ効果が得られる。ポートの中を吸気や排気のように粘性のある気体が流れるとき、図1のように壁面近くでは流速が極端に小さくなる。この部分を境界層と呼び、これを避けることはできない。しかし、できるだけ影響を小さくすることはできる。

　ポートの内面に鋳造時の中子砂の跡が残っていることが多いが、鋳肌の部分が管と流体の摩擦による圧力損失を助長する。このザラザラした部分を研磨すると管壁の摩擦は小さくなり、ポート径も拡大するので管路抵抗が低減する。

　また、この鋳肌の部分には微量だが燃料が付着し一時蓄えられやすいので、燃料の輸送遅れを助長する。キャブレター仕様のエンジンでは、ポートの最上流から燃料が供給されるので、ポート内面の状態が燃料輸送に与える影響が大きくなり、レスポンスにとっても不利である。ポート径を拡大しようとするあまり、つい削り過ぎて、ポートがウォータージャケットに貫通することがあるので注意を要する。

　また、手勝手がよいところはどうしても削り過ぎとなり、工具の先が入りにくいところは削り残すということがないように注意が必要である。ポート部分の肉厚は鋳物に大きな偏肉がなければ、3～4mm程度なので、これを目安に削ればよい。雑に内面を研磨してポートが太くなった

図1　流れの速度分布

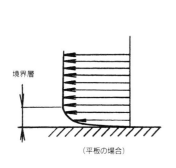

（平板の場合）

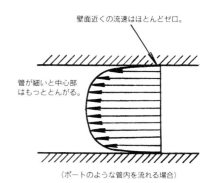

（ポートのような管内を流れる場合）

り細くなったりすると、中を流れる気体は圧縮性なので必ず膨張や収縮を繰り返すことになり、かえって抵抗が発生して損をすることになる。

当然ながら、研磨後の各ポートの形状が同じになるように揃えることが大切である。前項で説明したように吸気ポート中の新気の流れは燃焼に影響を与える。吸気のばらつきは燃焼のばらつきにつながる。また、ポート径を大きくした場合には、ヘッド側のポートとマニホールド側のそれとが、うまく一致しているかどうかを確認しておく。また、ガスケットがポート内にはみ出していないかも要チェックである。これらの段付きがあるとすべての努力は水泡に帰してしまう。

さらに、バルブガイドの先がポート内に突き出ていれば、この部分も削ると効果は大きい。しかし、これは耐久性やバルブの保持機能や気密性を損なう。レースのように使用時間がかぎられている場合は、ポートの壁面に沿ってガイドの先端を削り取ってしまうのがよい。バルブの駆動が直動式の場合にはバルブにベンディングモーメントが加わりにくいので、ガイドが少し短くなってもデメリットは少ない。

私は耐久レース用のエンジンでも最初からバルブガイドの先端をポートに沿ってNCマシンで削り取るように設計していた。ポートの研磨はメリットが大きく楽しいので、初歩的なチューニング作業として最適だが、失敗をすると取り返しがつかなくなる。高価なシリンダーヘッドを無駄にしないためにも、削り過ぎにはご注意いただきたい。

削り過ぎた部分をデブコンなどで補修することもできるが、耐久信頼性に問題が残る。まずは、鋳肌の凸凹をなくすことから始めることをおすすめする。

図2 吸気ポート内面の研磨上の注意

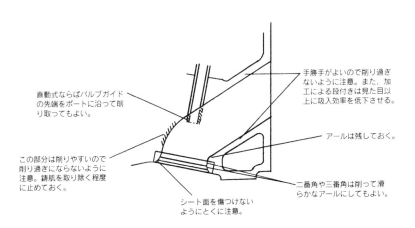

吸気ポートをコブラポートにした

　吸排気バルブにきのこ型の弁を使うかぎり、バルブのステム（軸部）がポート内を通らざるを得ない。したがって、バルブステムやガイドの先端部が吸排気の抵抗になるのを避けることはできない。そこで、吸気ポートの曲がりの部分を図1のようにグラインドして膨らませ、流路断面積を確保することがある。

　これは形がコブラの頭に似ているので、コブラポートとも呼ばれている。一昔前のバルブステムが太かったころはチューニング技術として使われていたが、私は害こそあって益はきわめて少ないと思っている。だが、まだベテランのチューナーでコブラポートを指向している方もおられるようなので、ここで取り上げることにした。

　バルブを外して燃焼室側から見ると、コブラポートはいかにもパワーが出そうであるが、よほどの経験がないかぎり危険である。

　まず、吸気は膨らんだ部分でポートに沿って曲がらなければならず、剥離を起こしやすい。これでは、せっかく拡大したポート断面積が縮小したのと同じことになってしまう。つぎに、吸気が拡張と縮流を繰り返すと、流路抵抗が増大する。また、すべてのポートの形状が同じになるように加工するのは難しいし、シリンダー内のガス流動にも影響を与えかねない。まずい偏流を起こしたり、タンブルフローの特性を変え燃焼を悪化させることもある。

　ポートをコブラ形にするよりも、まず

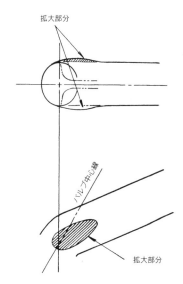

図1　コブラポート

ポート内に突出したバルブガイドを削り取るか、これを必要最小限の大きさに加工する方が現実的である。

つぎに、バルブステムのポート内に露出する部分を細くしたウエストバルブを使うという方法もある。ただし、ウエストバルブに替えるときには、強度や耐久性を十分に検討しておかないと危険である。それならいっそ吸気マニホールドも含めて、ポートを研磨拡大して、新しい形状の吸気系にした方が無難で効果は大きい。後でも述べるが、ヘッド中の吸気ポートでいちばん狭くなっているバルブスロートの径が、バルブの傘径にくらべてどれだけ小さいかが、ポート径拡大の判断基準になる。

シリンダー当たりの排気量が400〜500ccのエンジンならば、バルブの傘径はスロート部より4〜5mm大きいのが理想的である。ノギスでこれらを測定し、もしポートがまだ細いと判断された場合には、ポートの研磨を行う。

例えば、バルブ傘径が35mmでスロート径が29mmならば、ポート径を1〜2mm拡大することができる。ここで、大切なことは、ポートは全体にわたって拡大することである。また、傘径とポート径との差が少なくなりすぎると、吸入効率は低下してしまう。

シリンダーヘッドを設計するとき、燃焼室や排気ポートの形状は十分に検討されている。だが、実用エンジンでは使用条件がきわめて広く、出力性能は排気や燃費性能と妥協せざるを得ないことが多いのである。

チューニングはそれを出力に特化することになるので、手を加えるところが出てくる。だが、すべてを否定するのではなく、手堅くチューニングするのが成功の秘訣である。

図2 バルブスロート部は適正な寸法に抑えておく

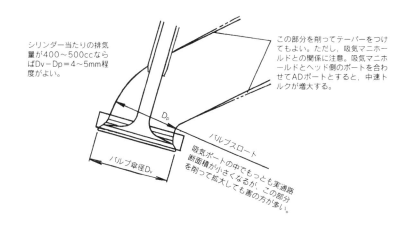

カムを再研磨してプロフィールを変えた

それまで使っていたカムを再研磨して新しいプロフィールを創成し、バルブリフトや作動角を手軽に変えることができる。実用車仕様のカムでもこれを研磨し直して高速エンジン仕様のカムに変え、さらに吸排気系のハードウェアと空燃比や点火時期などの制御特性をうまくマッチさせれば、エンジンのトルク特性は劇的に変わる。最大トルクをさらに上げ発生点を高速側に移し、高出力化を図ることができる。

だが、アイドリングや中低速時のエンジン安定性へのはね返りを避けることは難しい。かつて、アメリカではカムの再研磨屋として繁盛している会社があったくらいである。実は私も参考のために、セドリック用のエンジンのカムシャフトを再研磨してもらったことがある。

手持ちのカムシャフトを素材にして高速仕様のカムを得るには、図1のようにベースサークルをD_1からD_2に小さくすることにより生ずる余裕をうまく利用する。例えば、図2のようにカムリフトをL_1からL_2へ大きくしたり、作動角を破線から実線へと変更することができる。もちろん、その前にバルブリフト特性を再設計し、これを忠実に実現するカムプロフィールを計算により求めておく。なお、このときのバルブの加速度特性はポリノミアル（多項式）にした方が高速回転に適する。だが、仮想線のカム形状からハッチングの部分を研磨するので、次のことに注意することが必要である。

カムローブ部は耐磨耗性を向上させる

図1　再研磨による新カムプロフィールの創成

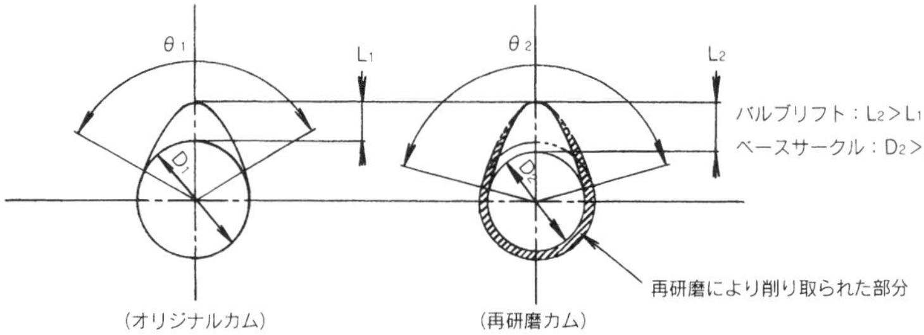
θ1
L1
θ2
L2
D1
D2
バルブリフト：L2＞L1
ベースサークル：D2＞D1
再研磨により削り取られた部分
（オリジナルカム）
（再研磨カム）

図2　カムリフト特性の変化

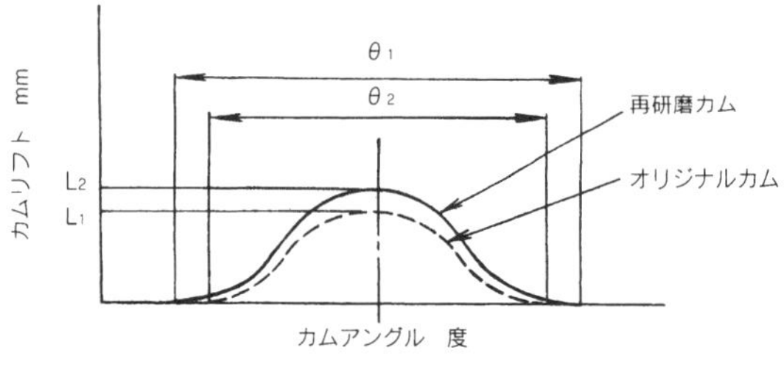
θ1
θ2
カムリフト　mm
L2
L1
再研磨カム
オリジナルカム
カムアングル　度

ため、その表面を図3のように硬化してある。鋳鉄製のカムでは鋳造時に冷し金を使ってチルをしたり、スティール製の場合は高周波焼き入れなどを施してある。これらの硬化層は薄いので再研磨により削り取られてしまい、軟らかい母材が表面にあらわれるので、磨耗性は低下することがある。それで、再研磨後のカム面の硬度を測定し、研磨前とくらべ変わりがなければ問題はない。もし、硬度が下がっている場合はタペットとの相性にもよるが、一応硬度の測定方法であるロックウェルのCスケールで55（H$_R$ C55）はほしいところである。ここで、バルブ作動角を変えずにリフトだけを大きくすると、バルブ加速度が増大してしまう。

詳細は他の拙著をご覧いただくとして、プラスの加速度はカムで与えるが、マイナスの加速度はバルブスプリングで発生させている。したがって、この場合にはバルブスプリングの強化が必要となる。さらに、エンジンの高速回転化を図るためには、もっとスプリングを強化しなければならない。このようにバルブリフトの増大に高速化が加われば、カムの磨耗は一層助長される。

さらに都合の悪いことに、カムがやせると（とんがり気味になると）図4のようにカムの曲率が大きくなるので、タペットやロッカーアームとの接触部分の面圧が増大し、磨耗に対しては厳しくなる。しかし、バルブ作動角を大きくすれば、同じリフトを得るためのバルブ加速度は小さくなるので、磨耗に対しては有利になる。また、カムがもっとも磨耗するのはアイドリングであるので、この時間が短くなるような使い方をすることをおすすめする。あまり耐久性が要求されない場合には、カムの再研磨は実用的なチューニング手段である。

図3 再研磨による硬化層除去の危険性　　図4 再研磨カム使用による接触応力の増大

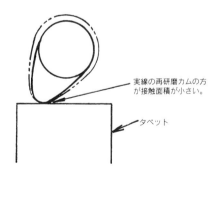

カムシャフトの取り付け角度を変えた

　4ストロークエンジンの吸排気バルブは図1のように開閉している。この図のことをバルブタイミング・ダイアグラムという。ちなみに、バルブの代わりに排気や掃気ポートおよび吸気ポートでこれを行う2ストロークエンジンでは、ポートタイミング・ダイアグラムという。吸気バルブは上死点前θ_{io}から開き、下死点後のθ_{ic}に閉まる。したがって、作動角はクランク角度で$(\theta_{io} + 180° + \theta_{ic})$となる。また、カムの取り付けの中心角$\theta_i$は$|(\theta_{io} + 180° + \theta_{ic}) \times 1/2 - \theta_{io}|$となる。同様に排気側も図のように$\theta_{eo}$、$\theta_{ec}$、$\theta_e$を設定すれば、中心角$\theta_e$は$|(\theta_{eo} + 180° + \theta_{ec}) \times 1/2 - \theta_{ec}|$となる。ここで、排気の上死点を挟んで吸気バルブと排気バルブが共に開いている期間$(\theta_{io} + \theta_{ec})$をバルブオーバーラップという。

　DOHCエンジンならばカムシャフトの取り付け角を吸気と排気を別々に変えることができるが、SOHCの場合は同時に同じ角度だけひねることになる。したがって、SOHCエンジンではカムの取り付け角を変えてもほとんど意味がない。生産されたままの状態が最適なセットになっているはずなので、この場合はかえって性能は低下してしまうのが普通である。DOHCではバルブオーバーラップを増やすことも、吸気バルブが閉じるのを遅らせることも、排気バルブを早く開くようにすることも可能である。

　例えば、θ_iが大きくなるようにカムシャフトを取り付ければ、θ_{io}は小さくな

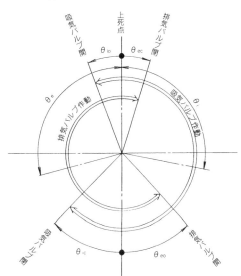

図1　バルブタイミング・ダイアグラム

るが、θ_{ic}を大きくすることができる。これによって、高速時に吸気行程でピストンが下死点を過ぎても、まだ吸気の慣性でシリンダーに吸気が流入し続ける場合には吸入効率を向上させることができる。排気側のカムシャフトの取り付け角を変化させても、エンジンのトルク特性は変化する。

しかし、DOHCであってもバルブ作動角が同じなので、中心角を変えるとバルブオーバーラップまで変化してしまうので、自ずと限度がある。そこで、バルブ作動角を変えたカムシャフトを用い、最適の取り付け角を再設定すれば、エンジンの出力特性を大きく変えることができる。最大トルクの発生点を高速側に移して出力を増やす場合には、作動角の大きなカムシャフトを用いバルブオーバーラップを大きく保ちながら、θ_{ic}とθ_{eo}を大きくする。しかし、アイドリングの安定性や低速トルクが犠牲になるのは避けられない。

バルブ作動角の大きなカムシャフトを使用する場合には、バルブオーバーラップ時にバルブとピストンが干渉しないように十分に注意することが必要である。バルブとピストンとの間の距離が静的（手でクランクを回したとき）にはあっても、エンジン運転中にはもっと小さくなっている。バルブがジャンプやバウンスをしたら、バルブリフトカーブより浮き上がる瞬間が生じる。カムシャフトがねじれ振動を起こせば、バルブタイミングは変化する。また、タイミングチェーンやベルトが振動したり伸びれば、バルブリフト特性は狂ってしまう。したがって、動的には余裕をとっておかないと、きわめて危険である。その値は動弁系の構造やストロークなどによって異なるが最低でも2mmは必要である。

図2 バルブオーバーラップ時の掃気

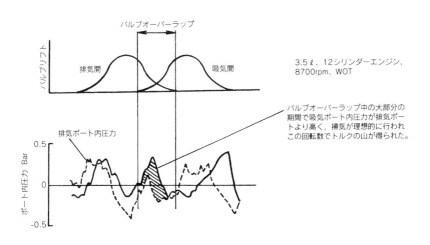

カムシャフトの軸の黒皮部分を削り取った

実用車のエンジンに組み込まれているカムシャフトは鋳鉄製かスティール製である。カムシャフトの材質に求められる特性は、カムの部分がタペットやロッカーアームと相性がよく軸部の剛性が高いことである。すなわち、相手の材料に対する攻撃性がなく、カム自身も相手材によって磨耗してはならない。また、軸の部分にはバルブを開閉するたびに、ねじれや曲げようとする力が働く。

もし、カムシャフトがこれらの力によって変形したら、バルブは正確な運動をすることができなくなる。さらに、耐磨耗性と高剛性の他にもカムローブが欠けたりせず、高い面圧にも耐えることが必要である。

生産性が高く耐磨耗性にすぐれた、カーボンを含んだ鋳鉄製のカムシャフトが多い。しかし、鋳鉄のヤング率はスティールの2/3程度であるため、同じ軸部の強度を得ようとすれば断面係数を確保するため太くしなければならない。一方、スティール製は全面が機械加工されていてカム部には高周波焼き入れがされている。軸部が細くて軽く、見た目がよい。これにくらべ鋳鉄製は軸部が鋳肌のままである。そこで、この部分の黒皮を旋盤で削り取って軽量化や見た目の改善を図ろうとすることがある。

だが、これはバルブの作動タイミングを狂わせたり、場合によってはエンジンを壊すことにもなりかねず、きわめて危険である。黒皮を取り除くことで著しく軸部の強度が低下してしまうからであ

図1 鋳鉄製カムシャフトの軸部を細く削り直すのは危険

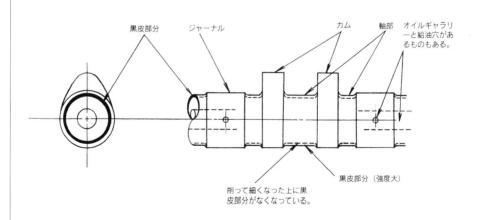

30

る。この部分は鋳造時に早く冷え焼きが入るので硬く、剛性を確保するのに大きく寄与している。そこを削り取ったら軟らかく弱い部分だけで軸部を構成することになる。また、細くなるのでねじれや曲げ剛性も低下する。軸部の剛性は直径の4乗に比例するので、少し細くなっても剛性の低下は大きい。軸部がねじれればその角度だけ、バルブの作動が変化する。当然、前のシリンダーより後ろのシリンダーの方がねじれ角が大きくなる。そのため、直列6気筒のように長いエンジンでは、バルブタイミングの影響を受けやすい。ちなみに、カムシャフトがねじれ振動を起こしているときには、バルブの作動に2°程度の影響は容易に生じてしまう。

また、カムローブがタペットやロッカーアームを押し下げようとすると、その反力が上方に働く。この反力でカムシャフトが瞬間的に曲がると、それだけバルブリフトが小さくなる。怖いのはバルブを駆動するために、カムシャフトにねじれと曲げの繰り返し応力が同時に働くことである。ねじれと曲げ応力が同時に働くのは、構成する材料にとってきわめて厳しいことである。繰り返し応力は疲労破壊をまねき、もしカムシャフトが切損すればバルブとピストンが激突することになる。大抵、このようなことが起こるのは、高速回転時で被害は絶大である。この他にも、カムシャフトが曲がることで、カムがタペットやロッカーアームに片当たりを起こし、磨耗を促進する。また、カムシャフトがねじれ振動を起こすとバルブ運動の加速度が変化し、極端な場合はバルブがジャンプやバウンスすることもある。

したがって、このような加工は絶対にすべきではない。

図2 カムシャフトのねじれ振動

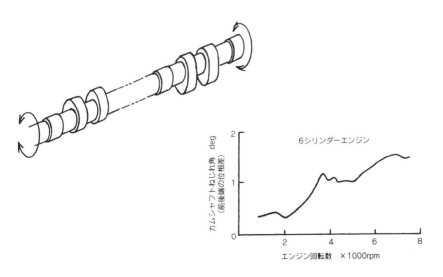

クランクシャフトのジャーナルやピン部をラップした

クランクシャフトのジャーナル部やクランクピンをラップして表面を鏡の面のように仕上げると、フリクションは低減し、ベアリングの焼き付き防止にも効果がある。専門の工場でスーパーファイン・フィニッシュをするのが理想的だが、自分で手加工をすることも多い。

大切なことは、ラップはあくまでも表面粗度を小さくするためであり、砥石で研磨した跡をなくすのが目的である。ラップによってオイルクリアランスが変化したり、真円度を損なったり、また軸部の硬化層を薄くするようなことがあってはならない。ジャーナルやピン部に傷がついた場合、その部分を目の細かいサンドペーパーで丁寧に修正することがある。だが、これは局部的でありラップとは異なる加工である。ラップは軸部の全周にわたって均等に施される一段上の仕上げ加工である。したがって、失敗をするとクランクシャフトを無駄にしてしまうことがある。まず、軸部の直径に影響が出るほど、手加工のみならず機械でもラップしないことである。ガレージ的に行う手によるラップは図1のように、オイルをつけたごく目の細かいペーパーやラップ用のテープ、青ぼうやセラミックなどの研磨剤をつけた布で根気よく擦って表面を仕上げる程度である。したがって、これによって寸法精度を確保するのは難しい。ちょうどシリンダーのホーニングがバイト目を取るのが目的であるように、ラップではグラインディングによって生じた微視的な傷の山の部分を擦り

図1 ガレージ的な軸物のラップ

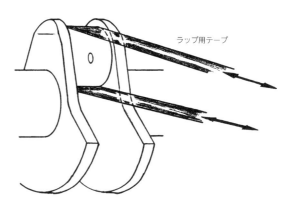

取ることに終始すべきである。

　大切なことは図2のようにビヤ樽形やツヅミ形にならないように、また軸部の真円度を損なったりしないようにすることである。手勝手がよくラップしやすいところは、どうしても擦り過ぎになる。細いテープを使うと端の部分にテープが寄りがちであり、ビヤ樽になってしまう。そこで、軸部の幅と同じテープを使うと中央部に力が入り、下手をするとツヅミ形となる。手による加工では少しでも目が粗いペーパーを使うと、ラップどころか軸部は変形してしまう。機械によるラップは軸の部分を中心にしてクランクシャフト全体を回転させるので、均一に加工が施される。例えば、クランクピンを加工するときには、ピンを中心にしてクランクシャフトを回転させる。ちょうど、ジャーナル部分がピンのような動きをする。このような加工に手加工がかなうは

ずはない。私は、手加工のコツは艶出しに徹することだと思っている。艶が出たらその部分からすぐ隣の部分に移るのが無難である。

　また、クランクシャフトにはオイル通路があるが、この中に研磨剤が入るのでラップ作業が終わったら入念に掃除を行う。あらかじめ入口に栓をしておくと、掃除は楽になる。斜めに開いたオイル穴はピンの傍のチーク部のブラインドプラグ（盲栓）を一旦取り外して、ブラシを使って洗い出すと完璧である。

　最後に、ブラインドプラグは指定の接着剤を塗布してねじ込んだり、周りをかしめてけっして緩まないようにする。ブラインドプラグが圧入式のものは、穴をリーマー加工して規定の締め代を確保した新品の栓を圧入する。だが、ラップは正しく行えば効果が期待でき楽しいのでおすすめする。

図2　まずいラップの例

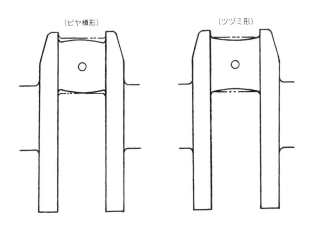

クランクシャフトの油穴を大きくした

クランクピンへの給油は図1(b)のように、メインジャーナルの両端に開口した油穴と斜めにあけたパッセージ、およびこれと直交する油穴を経由して行われる。一方、(a)のようにシンプルなストレート・ドリリングもあるが、過去の技術となってしまっている。エンジンの回転レンジが広がり、その全域で安定したオイルの供給と油膜の形成には前者の方がすぐれているので(b)もしくはその変形型が使われている。

ジャーナルやピンを貫通する油穴が(c)のように軸の中心からオフセットしていたり、角度をつけたものもある。私の経験では8000rpmくらいならば、教科書的な(b)でも十分であるが、12000rpm以上ならばその変形型が必要であった。し

かし、チューンナップにより回転数や過給圧を上げようとすると、まずクランクピンの潤滑が問題になる。この部分の油膜が切れると即座に焼き付きを起こす。直接油膜切れが発生しなくても、供給油量が不足すると、ベアリング部のオイルの温度が上昇して粘度が低下する。粘度が下がると油膜を保持できなくなって、一部分がメタルコンタクトになる。すると、またこの部分の温度が上昇して、金属接触の部分が広がり爆発的に昇温して焼き付きに至る。これには油量を増やしてオイルの冷却作用の能力を高めることが有効である。その詳しいメカニズムや対策については拙著「レース用NAエンジン」に述べてあるので、ここでは割愛する。

油量を増やすためには油穴を拡大した

図1　クランクピン部への給油穴

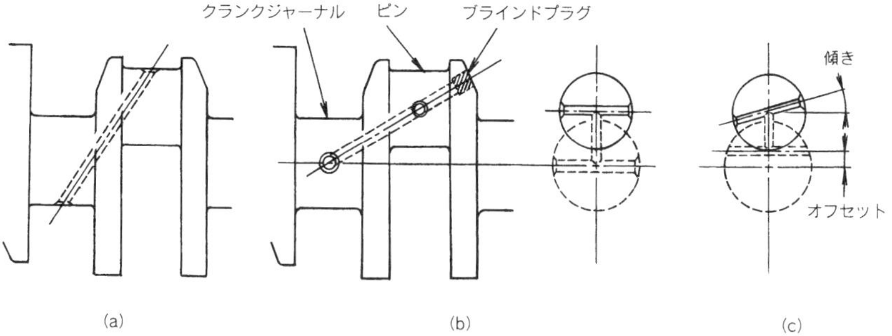

(a)　　　　　(b)　　　　　(c)

り、入口の部分を図2のように加工したり、あるいは油圧を上げる。油圧を上げることは、回転数の二乗に比例して増大するクランクジャーナル部の油穴に詰まっているオイルの遠心力にうち勝って、さらにオイルを押し込むのにも効果がある。だが、プレッシャー・レギュレーターを調整して油圧を上げることは、オイルポンプ駆動ギアを傷めたりはね返りがあるので、慎重に行うべきである。一方、油穴を拡大してクランクピンへの給油量を増やすと、他の部分へのオイルの供給量が減ることがあるので、思わぬトラブルが起こることもある。その対策としてはオイルポンプの容量の増大が考えられる。しかし、その前にオイルポンプのサクション側の吸引抵抗を減らしたり圧送側のオイル通路の曲がりの部分を滑らかにするなど、こまめな改良を行うことが大切である。普通のチューニングでは後者の対策のみですむことが多い。

必要な周辺の対策を行った上で、クランクシャフトの油穴を大きくすることは、高速化やベアリング荷重の増大に対して効果がある。エンジンの要求油量にくらべオイルポンプの容量に余裕がある場合は、レギュレーターからオイルを逃がしているのでクランクの油穴を拡大しても、このバイパス量が減るだけで他への影響は全くない。

エンジンの潤滑で大切なことは、適正な油量と油圧の確保および油温の維持である。この三拍子は潤滑が必要な部位すべてに共通している。一方、エンジンオイルも汚れたり粘度が低下したら思い切って交換することである。

なお、加工後のクランクシャフトの油穴の掃除は徹底的に行っていただきたい。これについては前項で説明してあるので、そちらをご覧いただきたい。

図2　クランクジャーナル部のオイル穴の改良　　図3　給油穴中のオイルに発生する遠心力

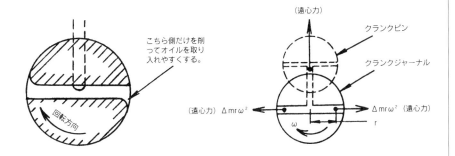

クランクシャフトのバランスを取った

　クランクシャフトの動バランスは、エンジンの振動やフリクションおよびベアリングメタルの当たりなどに影響する。動バランスが取れていると、エンジンの吹き上がり感がぐっと改善される。レスポンスがスムーズでシャープになったのが分かるほどである。クランクシャフトにくらべ径が大きく、バランスがくずれやすいフライホイールとクラッチカバーの動バランスを調整することは、さらに大切である。

　これらの個々の部品の動バランスは、実用上は問題のない許容値以下に収められているはずであるが、組み立てられると不釣り合いが積み重なってしまうことがある。そこで、チューンナップとしてはクランクシャフトにフライホイールとクラッチカバーを組み付けて動バランスを取ることが望ましい。

　ここで、動バランスまたはダイナミックバランスとは図1のように、質量と回転の中心からそこまでの距離の二乗との積の釣り合いのことである。回転により生ずる遠心力は質量(m)と中心から質量までの距離(r)と回転角速度(ω)の二乗の積、すなわち$mr\omega^2$となる。ここで、接線方向の速度(v)は$r\times\omega$であるから、この式はmv^2/rとなる。それで、動的に発生するアンバランスは不釣り合い質量と、vに比例するrの二乗の積で表される。余談だが、中心からrのところにある質量(m)を一定の角加速度で回転させようとするときの必要なトルク(T)はmr^2に比例する。また、mr^2を回転慣性

図1　動バランスの釣り合い

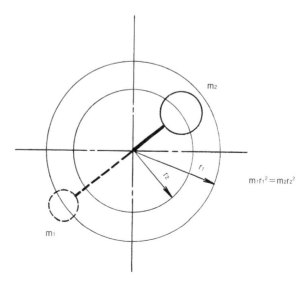

$m_1r_1^2 = m_2r_2^2$

モーメントと呼びIで表す。角回転加速度はdω/dtであり、dω/dt = T/Iとなる。動バランスが狂うと、クランクシャフトがゴリゴリとベアリングメタルの中を振れ回るので振動が発生し、またフリクションも増大することになる。

動バランスに対し、シーソーのような釣り合いを静バランスといい、質量と中心から質量までの積となり、動バランスとは異質なものである。例えば、タイヤのバランスは動バランスのことを指し、回転させながら釣り合いを調べ、リムに重りを取り付けて調整する。クランクシャフトも同様に回転させながらバランスを調べ、重いところにドリルで穴をあけて動バランスを調整する。したがって、バランシングマシンが必要で、自宅のガレージでこの作業を行うというわけにはいかない。専門の工場で動バランスを取ってもらうことになる。そのときにはクランクシャフト単体でバランスを取り、つぎにこれにフライホイールとクラッチカバーを取り付けて全体としてバランスを調整する。そのとき、それぞれに合いマークを付けておくことが大切である。エンジンの再組み立ての際に一旦これらを取り外すので、バランスを取った状態にもどさないと、これが狂うからである。

動バランスを取ったら、これに組み付けられるコネクティングロッドとピストンの重さも許容範囲（例えば1gとか）に収めておく。さらに、コネクティングロッドの重心点も揃えておくのがよい。また、クランクシャフトの曲がりを調べ、これも許容値以内（例えば25μm）になるようにプレスで調整する。チューニングで大切なことは、1ヶ所だけを見つめないで、全体がうまく調和するように配慮することである。いかに相乗効果を引き出すかが腕の見せどころである

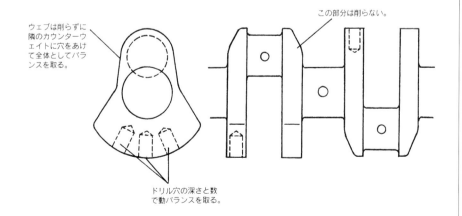

図2　クランクシャフトの動バランスの取り方

クランクシャフトのウェブやカウンターウェイトを削って軽量化した

　回転部分の慣性モーメント（極慣性モーメント、回転イナーシャ、あるいは単にイナーシャとも呼ぶ）を減らせば、理論的にはレスポンスは改善される。前項のように回転慣性モーメントをIとすれば、トルクTによる回転速度の上昇割合（角回転加速度）はT/Iとなるので、これが大きくなるからである。この関係は質量mに力Fが加わったときに生じる加速度は、力の方向にF/mとなるのと同じである。TがFに、Iがmに相当している。クランクシャフトの慣性モーメントはフライホイールにくらべれば小さいが、それでも無視できないイナーシャがある。とくに中心から離れたところにあるカウンターウェイトは重く、軽量化のターゲットになりがちであるが、安易にこれを削り取ってはならない。

　まず、ウェブはクランクジャーナルとピンとをつなぐ強度部材であるので、ここを削るとクランクが折損する危険が増える。疲労強度を上げるために表面を滑らかにする以外には手を加えない方が無難である。もし、無駄な部分があると思っても、強度上の検討を十分に行ってから加工に入ることが大切である。

　また、実用車のクランクシャフトでは扇形のカウンターウェイトの中心角が大きく、ピストンやコネクティングロッドとの釣り合いの観点から重量効率が悪いと判断される場合がある。軽量化を図るとすれば、図1のように重量効率が悪い部分のカウンターウェイトを削り取る程度である。ここで、各スロー（1シリン

図1　軽量化してもはね返りの小さい部分

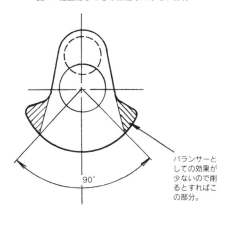

図2　フリクションを減らすためのカウンター加工例

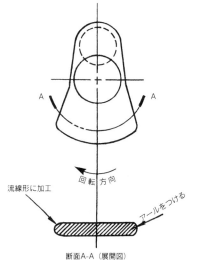

ダーに相当）間で重量やイナーシャのばらつきがないように、均一に加工することが重要である。そして、最後にバランスの取り直しをする。

カウンターウェイトは図3のように各スローごとに往復運動部分の慣性力と釣り合いを取って、クランクシャフトの曲がりを少なくする。バランス率は小さいものでも55％、耐久性を重視すれば90％か若干それを上回る程度、70％くらいが普通である。もし、ここを削って軽くするとバランス率が低下して、ピストンやコネクティングロッドの往復運動成分の慣性力によるクランクの曲がりをさらに助長することになる。バランス率が極端に低下すると、クランクの破損やベアリングの片当たりが発生し、耐久性にはね返りが出る。また、メインベアリング部のフリクションが増大して、レスポンスもかえって悪くなることがある。

回転数の二乗に比例して往復運動部分の慣性力が増大するため、高速化を図るほどカウンターウェイトの働きは重要になる。4シリンダーエンジンのクランクシャフトを見ると、1番と2番シリンダー、3番と4番シリンダーとでバランスが取れそうであるが、各スローごとで力をキャンセルすることが重要であることをお分かりいただけたと思う。エンジンの軽量化や回転部分のイナーシャを減らして、レスポンスを改善しようとしたのが裏目となることが多い。

しかし、フリクションを減らすために、図2のようにカウンターウェイトの前縁と後縁にアールをつけたり流線型に加工して、クランクケース内の空気の分子やオイルのミストとの衝突による抵抗を減らすことがある。だが、フリクションの低減効果は高速回転時でないと期待できない。

図3　カウンターはメタル当たりも改善する

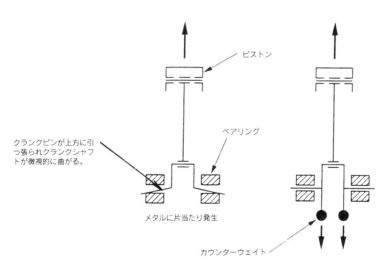

ピストンを新品と交換した

　市販のチューンナップ用のピストンを使ったり、ノッキングによってピストンのトップランドや冠面が溶損したり、あるいは焼き付かせた場合には新しいものと交換しなくてはならない。チューニングによってパワーを出そうとすれば、シリンダーで発生する単位時間当たりの熱量は必ず増大する。したがって、ピストンの熱負荷は大きくなるし、使用回転数を上げれば、さらに軽量化と強度の確保が必要になる。チューンナップの程度にもよるが、その対策として、アルミ合金製の鍛造ピストンに替えることがある。また、材質を替えないまでも目的に応じてピストンを新しくすると効果は大きいが、ちょっとした不注意が大きなトラブルを招くので、よく考えながら正しく作業をすることが大切である。

　シリンダーとピストンとのクリアランスを適正に保つためには、まず適合するグレードのピストンを選択しなければならない。シリンダーブロックのアッパーデッキにグレードが刻印してあるので、これと同じグレードのピストンを選べばよい。しかし、問題はピストンにグレードがないものと交換する場合である。このときは、まずシリンダーの上中下の直径をマイクロメーターで測定する。次にピストンのスカート部のピンと直角方向の寸法を測定する。ピストンは運転中の熱膨張を考慮して図1のように、常温ではピンと直角方向が長径の楕円状になるように、また上部の径より下の方が大きくなるように設計されている。そこで、

図1　室温におけるピストンのプロフィール

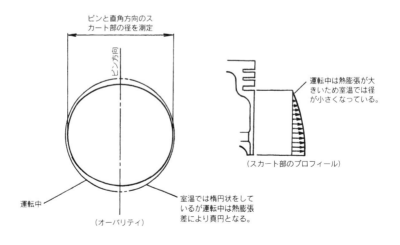

ピストンの常温でもっとも径の大きい部分とシリンダーとのクリアランスを正規の寸法、例えば45μmなどになるように選択嵌合する。

また、実用車のエンジンではピストンのスラップ音を減らすために、図2のようにピンを回転方向の上流側に1mm程度オフセットしてある。ちなみに、レーシングエンジンではピンのオフセットがないのが普通である。また、圧縮比が高いエンジンのピストンにはバルブとの干渉を避けるために、バルブリセスが設けてある場合が多い。吸気と排気側とではリセスの大きさが異なるので、組み違えないようにピストンにはフロントマークがついている。エンジンへの組み込みに際しては、ピストンの前後を確認することが必要である。

チューンナップ用のピストンでは圧縮比を上げるために、頭部を出っ張らせたり標準品では凹んでいる部分を平らに埋めたものもある。バルブと干渉しないことをゴム粘土などを挟んでチェックしたり、圧縮比がいくらになるのかを18頁で説明した式で求めておくとよい。ピストンが上死点にあるバルブオーバーラップ時のバルブとの間隙は最低でも2.5mmはほしい。この余裕がないとバルブがバウンスやジャンプをしたとき、ピストンとの衝突が懸念される。また、ピストン冠部とシリンダーヘッドの底面との間隔が小さくなり過ぎると、カーボンなどを挟み込みやすくなるし、場合によってはノッキングの巣窟となる。この部分はシリンダーブロックのアッパーデッキより上に出ないようにするのが一般的である。ピストンの交換にはエンジンを全分解しなくてはならない。したがって、これを完璧にできるようになれば、一応エンジンの組み立てをマスターしているといえる。

図2 ピストンピンのオフセット

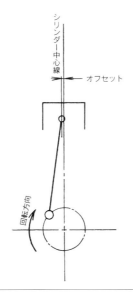

ピストンをワンサイズ小さくした

　エンジンの摩擦損失の中でピストンおよびリングとシリンダーとの間の摩擦によるものが最大であることは、拙著「乗用車用ガソリンエンジン入門」で述べた通りである。そこで、フリクションを減らしたり、シリンダーとの当たりが強い場合にはピストンの径を小さくすることがある。

　前項ではピストンとシリンダーとのグレードを合わせるように推奨したが、ここでは意識的にワングレード小さくすることを考えてみたい。チューニングであるので、杓子定規的にシリンダーブロックに示されたグレードにこだわらず、ケースバイケースに対応してもよい。しかし、小さくし過ぎた場合のはね返りを知っておくことは大切である。

　フリクションの低減と引き替えに、圧縮漏れとブローバイガス量の増大、ガソリンによるオイルの希釈、エンジン騒音の増大、ピストンの偏磨耗などが発生することがある。いきなり3番のグレードのシリンダーに2番のピストンを組み込むのは、少し冒険である。そこで、どうしてもピストンクリアランスを大きくしたいときには、つぎのようにするのをおすすめする。ピストンやシリンダーのグレードは段階的なものであるため、同じグレードでもその中に大小がある。シリンダーのグレードが3番でも中以上であれば、3番のグレードのピストンの中から小さめのものを選んで使用する。もし、シリンダーが3番でも小さい方であれば、2番のグレードの大きめのピストンを使

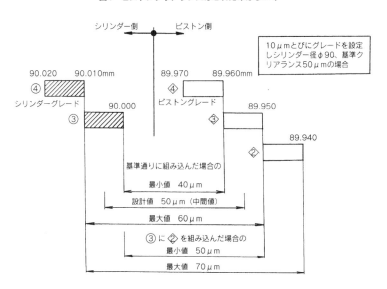

図1　ピストンクリアランスはこれだけばらつく

42

うというように、臨機応変な判断をする。また、ピストンの重量を揃えておかないと振動の原因となるので、所定のばらつきの許容範囲（例えば1g）に収まるように削って調整する。

ピストンのピンから下のスカート部（これに対しピンから冠面までの距離をコンプレッションハイトと呼ぶ）が短い場合には、ピストンの座りが悪く首振りを起こしやすいので、クリアランスをあまり大きくしない方がよい。ピストンが首を振ると、肩部が強く当たり焼き付きに至ることがある。また、トップランド（トップリングより上の部分）は絶対にシリンダーに当たってはならない。ピストンを交換するときリングとの相性を必ず確かめる。リングと溝とのクリアランスおよび合い口寸法をシックネスゲージで測定し、規定の値になっていることを確認する。さらに、リングの背面が溝の底に当たっていないかもチェックしておく。また、ピンはピストンとセットになっているので、コネクティングロッドの小端部のブッシュとのクリアランスが適正であるかも確めておく。

ここでは、常識的にグレードナンバーの大きい方をサイズが大として説明した。もし、グレードが明確でないピストンがあっても、設計者の立場に立って自分でピストンクリアランスを設定して様子を見るのも楽しいものである。シリンダーがアルミ合金の場合と鋳鉄製とでは、最適なピストンクリアランスは微妙に異なるし、鋳鉄のライナーを鋳込んだアルミブロックではまた違ってくる。冷却や潤滑状態によっても影響を受けるので、経験とコツが必要なチューニング技術である。手間はかかるがすべての測定データを記録しておくことが、次のチューニング時に必ず役に立つ。

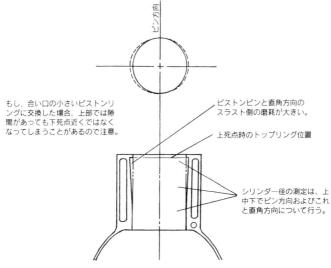

図2　磨耗したシリンダーブロックを再使用するときの注意

ピストンの当たりを修正するために削った

　エンジンをオーバーホールしてピストンがシリンダーに強く当たっていると、そのまま慎重に慣らしを続けた方がよいか、思い切って修正すべきか判断をしなくてはならない。ピストンの肩から下が広域にわたってソフトに当たっているのなら少しくらい強くても問題はないが、強く擦れたように当たっているようであれば要注意である。

　例えば、図1のようにピストンのスラスト側の肩部が局部的に強く当たった形跡があったり、ピンと直角方向だけが上から下まで帯状に光っていたり、擦り傷がついていたりする。ひどい場合にはピストンに深い縦傷がついていることがあるが、これは異物や溶けたり剥離した金属などの挟み込みによる場合が多い。潤滑が悪い場合の傷と強い当たりとは慣れればすぐ見分けがつく。また、第一リングより上のトップランドが当たっているようであれば、ピストンが焼き付く寸前でありきわめて危険である。

　ピストンが局部的にてかてかと光っていたり、肩部が打たれて金属がだれているようであれば異常であるので、修正した方がよい。修正の方法は当たっている部分をオイルストーンで慎重に研磨する。当たりの強い部分の曲率（1/半径）をごくわずか小さくするように修正していく。そして、決して研磨したところが角張らないようにすることが大切である。ピストンはアルミ合金製で軟らかく、削り過ぎることが多いので注意が必要である。ピストンには前々項で説明したよ

図1　ピストンの当たりが大きくなる代表的な個所

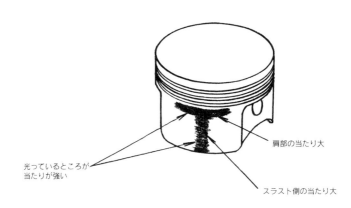

肩部の当たり大
光っているところが当たりが強い
スラスト側の当たり大

うに、オーバリティ（ピンと直角方向が長径の楕円状）とプロフィール（スカートの下方にいくに従い径が大きくなる）があるので、これを根本から崩すような修正加工は絶対に避けるべきである。

この前、知人がピストンが強く当たっているからと、目の細かいサンドペーパーとオイルストーンを使って修正をしていた。光っている部分をこそぎ落としたところ、その隣も気になりそこも削った。そして、また隣もというように、ほとんど全周に手を加えてしまった。結局、ピストンがオーバリティやプロフィールのないアンダーサイズ状になってしまっていた。その上、本来は小さくなくてはならないトップランドやセカンドランドの径と、スカート部の径がほとんど変わらなくなっていた。もし、このピストンをエンジンに組み込んで回したら、当たりが改善されるどころではない。カタカタと音がしてブローバイが極端に増大したり、すぐにトップランドが焼き付いても不思議ではない。

ピストンの修正には経験が必要であるが、決して勘で行うべきではない。データの積み上げにもとづいた、科学的な判断によるべきである。例えば、修正前後でその部分の径がどう変わったかをマイクロメーターで測定したり、硬度法でピストンの各部分の温度を調べる。この温度分布の不均一さがピストンの当たりにどのような影響を与えていたかを考え、ピストンを修正すれば後につながる技術となる。

この作業はエンジンを全分解しなくてはならず、空調のある埃の少ない整備室で行うのが望ましい。また、修正したピストンを組み込んだら、エンジンをラッピング運転をしながら異常がないか慎重に観察するのを怠ってはならない。

図2　ピストンに働くスラスト力

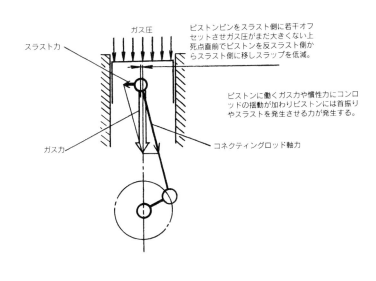

ピストンリングを合い口の小さいものと交換した

シリンダーとピストンとの間のガスシールを強化し、圧縮漏れを減らすためにピストンリングの合い口を小さくすることがある。オーバーサイズのシリンダーにスタンダードのリングが組み込まれているような場合には、合い口が大き過ぎるので適正な寸法にすることが必要になる。ところが、設計寸法をさらに詰めてガス漏れを少なくしようとするのはきわめて危険である。ピストンリングの合い口は決して接しないように設計されている。例えば、シリンダーに組み込んだ状態では、シリンダー径の1/200くらいの隙間ができるようになっている。使用過程中のエンジンでシリンダーが磨耗してリングの合い口が広がった場合にリングを交換することがあるが、つぎの理由により十分に検討した後で新しいものに組み替えていただきたい。

図1のようにシリンダーの磨耗は上部が大きく、下に行くほど小さくなる。これは、ピストンが上死点付近で横方向に受ける力が大きく変化して、スラスト側のシリンダー壁に強くたたきつけられるからである。これをピストンスラップと呼ぶが、この他にピストンの首振りもある。一方、下死点ではガス力が小さくピストンはスラスト側から反スラスト側に滑らかに移行するので、この部分のシリンダーの磨耗は少ない。また、シリンダーの上部は温度が高くこれが磨耗をさらに大きくする。典型的なシリンダーの磨耗の状態は、上死点時のトップリングの位置が最大で下に行くほど小さくなる。

図1 シリンダーの磨耗の特徴とリング選択時の注意

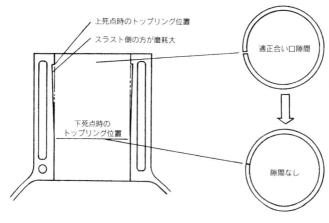

中古のシリンダーブロックに新品のリングを組み込む場合、シリンダーがこのように磨耗していると、上死点では適正でも下死点では合い口隙間が狭くなり、接してしまうことさえある。組み込む前に下死点位置での合い口隙間の測定が必要である。

また、スラストを受けるピストンピンと直角方向の磨耗が大きい。したがって、合い口はピストンがシリンダーの上部にいるときには大きく、下部では小さくなる。ガス圧が最大となる上死点付近でリングの合い口が大きくなることは、ガス漏れに対してさらに不利な条件となる。

まず、リングの合い口の隙間の簡単な測定法について説明する。シリンダーの最上部にリングを単体で入れ、ピストンを逆さにして頭部で押し込む。こうすれば、リングをシリンダーの中心線に対して容易に直角にすることができるからである。そして、合い口の隙間をシックネスゲージで測定する。ところが、新品のシリンダーブロックでなければ多少なりとも磨耗しているはずである。そこで、もしシリンダーの上部で合い口の寸法が望む値になっていても、磨耗が少ない下部では小さくなり過ぎていたり、極端な場合は当たってしまうことがある。リングの合い口同士が接触するとリングが折損したり、シリンダーに食い込んで傷をつけてしまう。したがって、シリンダーの上部で隙間を計っただけで、安易に合い口隙間の小さいものと交換してはならない。リングが移動するすべての範囲で適正な合い口寸法が確保されているかを、シリンダーブロックとリングだけで調べてから組み込むことが大切である。合い口が下部では適正であるが、上部で大きくなり過ぎていれば、シリンダーをボーリングすることが必要になる。ボーリングしたらオーバーサイズのピストンとリングに交換するが、このとき前に述べた要領でピストンを選択する。なお、リングの合い口をずらして組み込む人がいるが、これは迷信である。エンジンの運転中はリングは常に回転しているので、ずらしても意味がないからである。

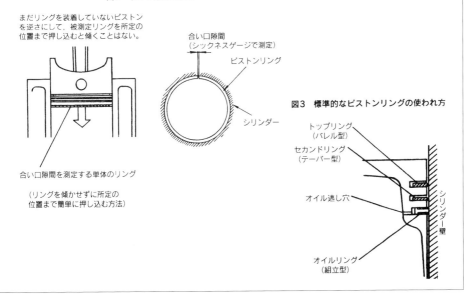

図2　リング隙間の測定

図3　標準的なピストンリングの使われ方

ピストンリングの張力を変えた

　拙著「乗用車用ガソリンエンジン入門」にも述べているように、エンジンの摩擦損失の中でピストンおよびリングによるものがもっとも大きい。したがって、フリクションを低減するためには、リングの張力を弱くした方が有利である。一方、ガス漏れを減らしたりリングのフラッタリングを防ぐためには強くしなければならない。一般にフリクションの低減とガスのシール性および耐フラッタリング性とは、相反する関係にある。また、張りが強いとシリンダーの磨耗が大きくなるので、リングの張力を変えるときには、トレードオフをよく理解した上で行うことが大切である。

　リングのシリンダーとの間の面圧を確保しながら張力を減らすには、図1のB寸法を小さくすることであるが、それにはピストンを新しく作り替えなければならない。しかし、リングの厚さTや幅B（TとBを混同しないように）が同じでも張力Wが異なるものを設計することは可能である。それは、自由状態でのリングの形状を変えることにより、シリンダーに組み込んだときのWを変化させることができるからであるが、リングを自分で加工することはまず不可能なので、専門メーカーに相談するのがよい。自由状態にあるリングをぐっと広げて塑性変形させ、エンジンに組み込み時の張力を大きくする器用な人もいるが、これはほとんど意味がない。運転中にまたもとの張力にもどってしまうし、リングを広げたときに平面度が狂うと、リング溝と密着せ

図1　コンプレッションリングの張りに与える因子

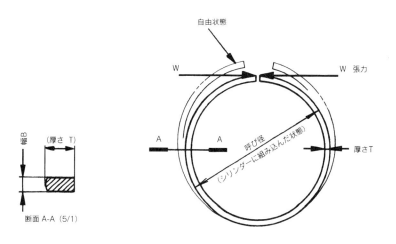

ずガス漏れを増大させる。

　逆に張力を減らすためにリングをグラインダーで削って薄くしたり、背面のところどころに刻みを入れることは、運転中に折損することがありきわめて危険である。ピストンのリング溝やリングの加工には専用機が必要であり、専門メーカーにまかせるのが無難である。

　また、ピストンにリングを組み付けるときに、リングを開き過ぎて降伏点をはるかに越したりしないように気をつける。シックネスゲージを使ってピストンの各ランドを通過させることもできるが、このときリングをねじり過ぎないようにするのがコツである。だが、専用のリング開きを使って、最小の変形でリング溝におさめるのが、一番よい方法であるのはいうまでもない。

　リングの選択で特に大切なことは、高回転時にフラッタリングを起こさず、オイルの掻き落とし性を維持するだけの張力を有していることである。フラッタリングは高速化の大敵であるし、オイル上がりはオイルを消費するだけでなくデポジットの発生を増大させる。オイルはガソリンより重質であり、燃え残りのカーボンや灰分がデポジットとなって付着するが、これはオイルの清浄力をはるかに越えている。私の経験ではデポジットをリングと溝との間に噛み込んでリングの回転が阻害され、ピストンの焼き付きに至ったことがある。ちなみに、リング溝に組み込んだリングを手で回して、するりと動かなかったり、ざらざらした手触りであれば要注意である。

　また、実用エンジンでは張力が比較的小さくてもシリンダーとの接触部の面圧を保てるアンダーカットのついたリングがあるが、高速回転を前提としたチューンナップには使わない方が無難である。

図2　よく使われているピストンリング

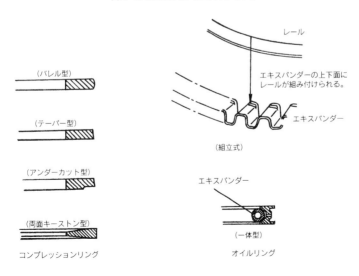

リング幅の小さいものが使えるようにピストンを作り替えた

　ピストンリングの幅を小さくすれば、フリクションの低減とフラッタリング防止効果が得られる。シリンダーとの接触面圧を確保しながら張力が小さく、またリングを軽量化できるからである。だが、このリングを使用するためにはリング溝を狭くしなくてはならないので、ピストンを新しく作り替えることが必要になる。高速回転をするレーシングエンジンのピストンリングの幅（前項図1のB）は実用エンジンより小さい。それは、前述のメリットに加えピストンも小型化できるからである。リング幅を小さくする、すなわち薄型化を図ると、ピストンの冠面からピンまでの距離（コンプレッションハイト）を短縮できる。リング幅の縮小はピストンの軽量化に必須の技術である。リングが軽くなれば慣性力が小さくなり、特定の運転条件でリングが溝の中間に浮き上がるフラッタリングに対し余裕ができるので、その分高速化が可能となる。

　このように、薄いピストンリングはエンジンの高速化の必要条件である。だが、一般のチューニングでは、コンプレッションハイトまでも短縮することはまず不可能であり、薄型化のメリットをすべて引き出すことはできない。単にコンプレッションハイトを短縮しただけだと圧縮比が低下してしまうので、その分シリンダーブロックのアッパーデッキを低くしなければならない。すなわち、コンプレッションハイトが低くなっただけアッパーデッキを削り込むかコネクティングロ

図1　コンプレッションハイトの制約条件

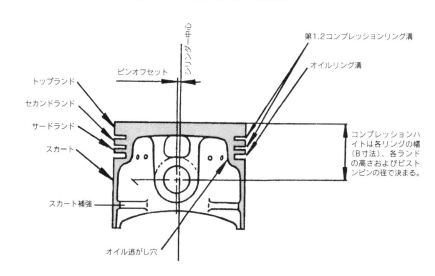

ッドを長くしなければ、圧縮比を同一に保てなくなるからである。

また、オーバーヘッドカムシャフトの場合、シリンダーブロックが低くなれば、バルブタイミングにも影響がでる。ブロックにまで手を加えることになれば、はね返りが大きくコストもかかり、大変な改造となってしまう。

少し大きめのピストンを再加工したりアルミの棒材から削りだして目的を果たそうとする人もいるが、これは止めた方がよい。ピストンにはオーバリティや複雑なプロフィールが必要である。ピンとのクリアランスの問題もある。当然、グレードも合わさなければならない。また、棒材はピストン用の材料として適しているかきわめて疑問である。もし、ピストンの加工に成功しても、コンプレッションハイトがそのままならば、薄型リングを使用する大きなメリットは半減する。

それでも、前述のようなリング幅の減少効果は期待できる。このようなチューニングはエンジン全体にもかかわってくるので、簡単に手に負えるものではない。

ピストンはアルミにシリコンや銅やニッケルなどを加えた高温強度のある特殊な合金でできていて、熱処理が施されている。多くは、溶けた湯に圧力を加えた金型鋳造製であるが、高性能エンジンにはさらに強度のある鍛造製も使われる。ちなみに、ほとんどのレーシングエンジン用のピストンは鍛造製である。

ピストンは高温にさらされながら高速で運動しなくてはならず、その上温度分布が大きく偏っているので設計・製作ともに難しい部品といえる。現在使われているピストンは理論と経験の蓄積によって、あのような形になったものである。したがって、気軽に作り直そうなどと考えない方が無難である。

図2　ピストンリングの張力の発生

同じ呼び径で同材質ならばピストンリングの張力は幅に比例し、大まかには厚さの三乗に比例する。

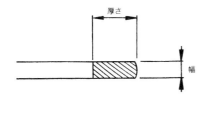

図3　コンプレッションリングの摺動面の油圧分布

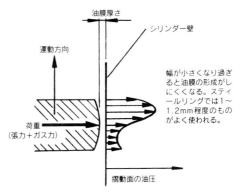

幅が小さくなり過ぎると油膜の形成がしにくくなる。スティールリングでは1〜1.2mm程度のものがよく使われる。

ピストンリングの数を減らした

　エンジンのフリクションの中でピストンリングの占める割合はもっとも大きく、また高速になるほど増大する。斬新な設計の実用エンジンの中には、コンプレッションリングとオイルリング各1本の2本リング仕様のものもあるが、コンプレッション用2本とオイル掻き落とし用1本の3本リングがまだ主流である。

　作動ガスの圧力が高いターボエンジンでは、それぞれの役割を持つ3本のリングが必要であろう。だが、レース用NAエンジンはむしろ2本リングが普通である。そこで、セカンドリングを外して2本リングにしてみようというアイデアが生まれる。

　3本リング仕様の場合は上の2本がコンプレッション用である。拙著「レース用NAエンジン」で詳述してあるが、図1のように、トップリングがフラッタリングを起こしても、セカンドリングが正常にガスシールをする。フラッタリングとはリングが溝の中間でぱたぱたと踊る現象のことで、主に圧縮行程の終わりごろに発生する。ピストンリングにはガス圧、シリンダーとの摩擦力およびリングの慣性力が働いている。これらの力により理論的には圧縮と膨張行程では、トップリングの下面が溝と接触してガスシールを行っている。排気行程の前半はリングの下面が、後半は上面が溝と接触するのが普通である。また、吸入行程ではガス圧がマイナスになるため、行程の大部分でリングの上面が溝に接触している。なお、過給されている場合はプラスであるが、

図1　トップリングがフラッタリングを起こしてもセカンドリングが機能する

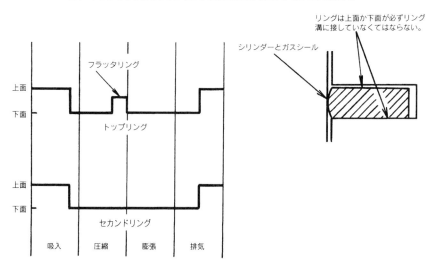

圧縮や膨張行程にくらべるとガス圧は遙かに低く、上方に働くシリンダーとの摩擦力が優勢で行程の大半でリングの上面が溝と接触することに変わりはない。

ところが、常用のエンジン回転域でも負荷条件（パーシャルロードなど）によってはトップリングに働くこれらの力がバランスして、リングが溝の中間に浮き上がってしまうことがある。これが発生すると、トルクの低下とブローバイガス量の増大、ガソリンによるオイル希釈が起こり、またオイル上がりも増え、白煙やスラッジの堆積の原因となる。ところが、セカンドリングがないと2つ目の堰がなくなるので、このときガス漏れが著しく増大する。

だが、単にセカンドリングだけを取り外すのならば、これだけではすまない。リング溝にオイルが溜まり、ピストンの上下により吐き出されるようになる。とくに、フルスロットルから減速に入ると、トップリングのオイルのシール限界を越え燃焼室に大量のオイルが上がってしまうことがある。

私の経験では耐久レース用のNAエンジンでも2本リングで15000rpmまで問題なく回すことができた。最初から2本リング仕様として設計すれば、F1エンジンのように、それ以上の回転にも耐えることができる。2本リングにすることにより、フリクションの低減とともに、ピストンピンから上のコンプレッションハイトを小さくして、往復動部分の軽量化を図ることが大きな目的である。

ピストンをそのままにしておいてセカンドリングを取り外しても、リングの質量だけが軽くなるだけである。リングを2本に減らしてみても、フリクションの低減と引き替えにフラッタリングの危険を負うことになるだけである。

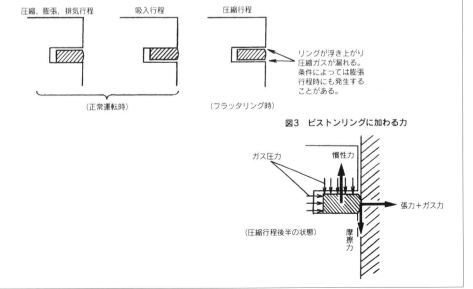

ピストンを削って軽量化を図った

　エンジンの高速回転化を阻むものの一つに、往復動部分の慣性力がある。その慣性力は回転数の二乗に比例して増大する。例えば、ストローク80mmのエンジンが6000rpmで回っているとき、ピストンは1g当たり約1.6kgfのベアリング荷重を発生させる。これが、9000rpmになるとその2.25倍になる。すべての質量が100%の寄与率で往復慣性力を発生させるピストンの軽量化を図ることは、エンジンの高速回転化の必須の条件である。だが、実用エンジンでも用途に応じてピストンは可能な限り軽く設計されていて、無駄な質量はそう多くないはずである。

　ピストンの外面を下手に加工するとシリンダーとのガスシールを損なうので、削るとすれば、内側かスカート部分である。内側から削って肉厚を薄くする場合は必要な強度を確保できるように、応力が集中することがないように考えながらグラインドする。ガス力や慣性力によって破壊が起こらないと思っても、運転中に変形して焼き付きを起こすことにもなりかねない。応力集中の他にも、熱応力による変形も避けなければならない。ピストンの冠面で受けた熱は、主にトップリングやセカンドリングからシリンダーに逃げている。したがって、冠面の裏を削ってここを薄くすると、ガス圧による変形を助長するとともに、中央部分から周辺への熱の移動通路を狭めることになる。ここが少しくらい薄くなっても、裏側にかかるオイルによって冠面の冷却が促進されるようなことはない。一方、剛

図1　ピストンの軽量化の例

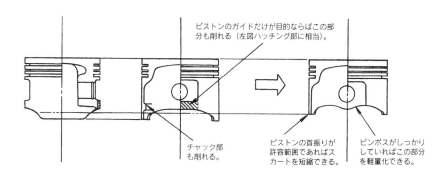

性は厚さの三乗に比例するから、10%薄くなると剛性はざっと30%低下することになる。

ピストンに駄肉はほとんどないが、耐久性との兼ね合いで軽量化できる部分はある。例えば、製造上の都合により図1のようにピンボスの下の部分に不必要な肉がある場合には、高速エンジンのピストンを参考にして削り取っても問題はない。また、ピンボスと直角方向のスカートを短縮するときは、ピストンの首振りが大きくなるので傾きがどこまで許されるかを計算してその範囲内で行う。ピンを中心にしてコネクティングロッドの傾きによって生ずるピストンの回転や、サイドスラストによるシリンダーとの局部的な接触は高い面圧を発生させ、油切れや焼き付きの原因となることがある。

普通、ピストンはアルミ合金の鋳造製であるが、熱負荷が大きい高性能エンジンでは鍛造製も多く使われている。鋳物と鍛造とでは強度が大きく異なるので、鍛造製のピストンで成功したからといってそのまま同じ肉厚を鋳物製のピストンに当てはめるのは危険である。また、加工によって小さな傷やエッジができると疲労破壊が起こったり、また急激な断面変化は先に述べた応力集中を増大させる。ピストンの破壊はエンジンの全損につながるので、くれぐれもご注意いただきたい。そして、加工後にすべてのピストンの重量が許容範囲に入っていることを確認しておく。もし、ばらつきの限界（例えば±0.5g）を越えていたら、スカートの下部で力のかからない部位を削って重量合わせを行うのが無難である。ピストンのバランスは重量だけではない。重量の偏りやピン周りのモーメントにまで気を配れるようになれば、かなりのレベルのチューニングを期待できる。

図2 高速回転化による慣性力の急激な上昇

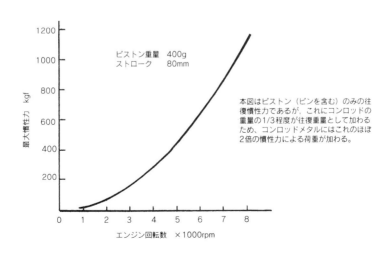

ヘッドガスケットを薄くした

　ヘッドガスケットを薄いものに替えることにより、圧縮比を手軽に上げることができる。例えば、各シリンダー当たりの排気量450cc、シリンダー径85mm、圧縮比が10のエンジンの場合、ヘッドガスケットを0.1mm薄くすると、燃焼室容積は0.6cc弱小さくなる。これによって、圧縮比は約0.1高くなる。さらにショートストローク・エンジンならば、ガスケットを薄くしたことによる圧縮比の増大効果はもっと大きくなってくる。もちろん、シリンダーヘッドの下面を研削して燃焼室を浅くしても同じ結果になるが、ロワーデッキが薄くなってヘッドの剛性が低下する。あまり削り過ぎるとガスシールを損なうことがあるので、ロワーデッキの厚さが9mm程度あっても削り代は1mm以下にしておくべきである。一方、ガスケットを薄くするのにも限度があるので、圧縮比を大きく上げたい場合には、ヘッドの研削と薄いガスケットの使用との合わせ技が必要になる。

　圧縮比を高くするとノッキングやデトネーションが発生しやすくなり、またベアリング荷重や始動時のスターターの負荷も増大する。だが、メーカーでオプション設定しているガスケットならば、使用しても問題は起こらないはずである。しかし、ガスケットが薄くなった分、スキッシュエリアのクリアランスが小さくなり、燃焼特性に影響がでることを知っておくべきである。また、圧縮比が高くなるとMBT点が遅れるので、点火時期の見直しを行わないと圧縮比を上げた効

図1　金属製ガスケットによる圧縮比の増大

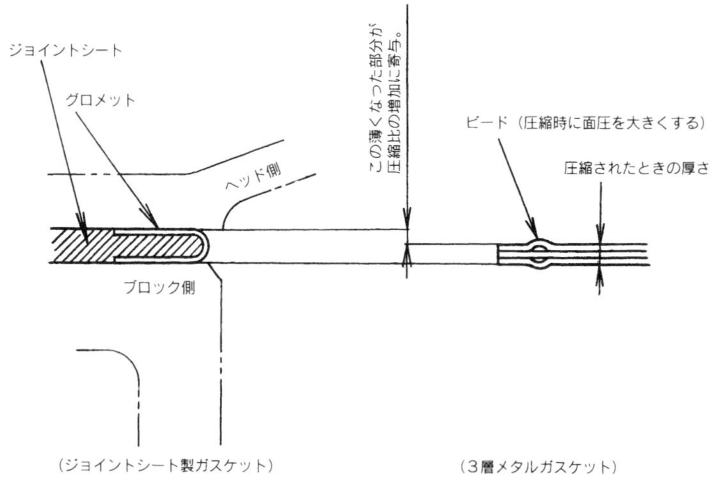

ジョイントシート
グロメット
ヘッド側
ブロック側

この薄くなった部分が圧縮比の増加に寄与。

ビード（圧縮時に面圧を大きくする）
圧縮されたときの厚さ

（ジョイントシート製ガスケット）　　　　　　（3層メタルガスケット）

果を十分に引き出すことはできない。圧縮比が高くなれば、最適な点火時期セットは必ず遅くなる。また、燃焼温度が高くなるので、点火プラグの熱価を上げることが必要になる場合もある。

　ここで、ガスケットを薄くすると、その分クランクとカムシャフトの中心間距離が近づくことになる。カムシャフトがチェーンかコグベルトで駆動されている場合には、バルブタイミングが若干遅れるだけですむ。だが、その遅れは誤差の範囲であり実害はない。

　しかし、バルブとピストンとの間の距離はガスケットが薄くなった分、近づくので干渉には注意が必要である。本格的なレース専用エンジンのように、カムシャフトが全ギア駆動の場合はギアが底づきしたり、ピッチサークルで噛み合わなくなるので、ガスケットを薄くすることはできない。

　今後、メーカーによってはそれまでのジョイントシート製のガスケットから、その半分ほどの厚さのスティール製のガスケットにランニングチェンジすることがあるかもしれない。

　この場合、旧型のエンジンに新型のスティール製のガスケットが合えば、これに替えることで簡単に圧縮比を上げることができる。圧縮比は0.4〜0.7くらい高くなるが、ヘッドの下面とブロックの上面の加工精度や粗さが問題になることもある。ジョイントシートは若干の凹凸は吸収してしまうが、スティール製はその追随性が小さい。だからといって接着剤を使用しても、根本的な解決にはならない。接着剤は熱に弱かったり、溶剤が蒸発して接着剤の層が薄くなって面圧が低下することがある。そして、ついに高いガス圧力によって吹き抜けに至ってしまうからである。

図2　薄型ヘッドガスケットによる圧縮比の増大

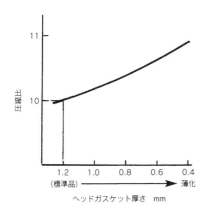

ヘッドガスケット厚さ　mm

図3　実際のエンジンにおける高圧縮比化の効果

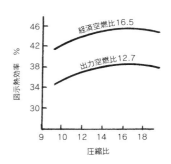

現実のエンジンでは圧縮比を上げ過ぎるとノッキングを起こし、MBTまで進角できないこと、および冷却損失が増大し熱効率は低下する。

57

ヘッドガスケットの水穴の大きさを変えた

　ヘッドガスケットの水穴の大きさで、冷却水の流れを調整することができる。フルスロットルで運転中、エンジンに供給された燃料のもつ熱エネルギーのざっと25％は冷却損失となる。その熱は燃焼室やシリンダーの壁面、排気ポートや点火プラグのボスの周りなどからウォータージャケットの冷却水に捨てられる。ところが、熱の分布は一様ではなく、エンジンの部位によって大きな差がある。例えば、排気バルブシートの周りの熱流束（単位時間に単位面積を通過する熱量でkcal/㎡hまたはkJ/㎡hで表す）は原子炉に迫るほど大きい。このような熱の集中するところは冷却水の流速を上げて放熱を促進し、ほとんど冷却の必要がないシリンダーの下部や吸気ポート周りは浸か

っているだけでよい。また、ウォーターポンプの吐出口から遠いところには、冷却水が行き渡りにくい。

　そこで、ウォーターポンプからの遠近によらず各シリンダーへの冷却水の分配が等しくなるように、またホットスポットができやすいところへは集中的に流すようにすることが必要である。一方、シリンダーヘッドのロワーデッキ（下面）やシリンダーブロックのアッパーデッキ（上面）の鋳抜き穴は鋳造時の中子の支えや中子砂の掻き出しにも使うため、一般に必要な水穴より大きい場合が多い。そして、各シリンダーごとに大きさを変えるようなことはまずしていない。特に、シリンダーブロックがオープンデッキ式の場合には、ウォータージャケットの上

図1　ブロック側からヘッドに供給する冷却水の分配改善の簡便法

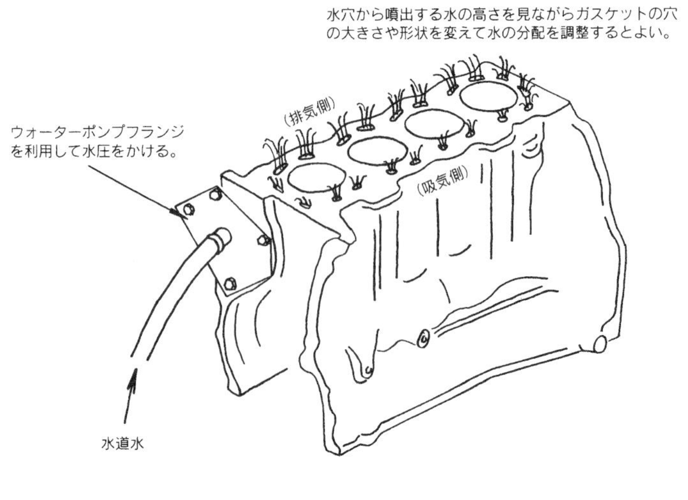

水穴から噴出する水の高さを見ながらガスケットの穴の大きさや形状を変えて水の分配を調整するとよい。

（排気側）

（吸気側）

ウォーターポンプフランジを利用して水圧をかける。

水道水

部がすべて水穴のようなものであり、ヘッドあるいはガスケットの穴の形状だけで水の分配をすべて調整することになる。

チューニングのベースとなるエンジンでも必ずウォーターポンプに近いところの水穴は絞り、遠ざかるにしたがって大きくして、各シリンダーが均一に冷却されるようになっている。また、シリンダーヘッドへは熱負荷が厳しい排気側へ多く流れるように、ガスケットやデッキ面にあけられた水穴は吸気側にくらべ大きく設定されている。しかし、パワーを出そうとすれば、当然冷却系への放熱量は増加する。そこで、冷却水の分配を調節しながら、全般的に水穴を大きくして流路抵抗を減らして循環量を増やすと有利である。また、ウォーターポンプを大きくしたり、プーリー比を変えて本格的に水量を増やすこともある。この場合は水穴の大きさも再検討すべきである。

レースに出ようとエンジンをチューニングしたところ、後部のシリンダーでノッキングやピストンの焼き付きが発生した。ラジエターを大きくしてみたが、一向に効果がないとの相談を受けたことがある。水穴を一見したところ、明らかに大きさのバランスに問題がありそうであった。そこで、シリンダーブロックを単体にしてウォーターギャラリーにホースで水道水を導き、水穴から噴き上がる水柱の高さで水の分配を推察して、ガスケットの水穴の形状を改善した。効果はてきめんで、ラジエターを大きくしなくても、後部のシリンダーのトラブルを解決できた。この方法は簡単で効果が大きいのでおすすめする。

なお、水冷エンジンの冷却については拙著「レーシングエンジンの徹底研究」に詳しく述べてあるので、そちらをご参照いただきたい。

図2　局部的な冷却不良による温度上昇

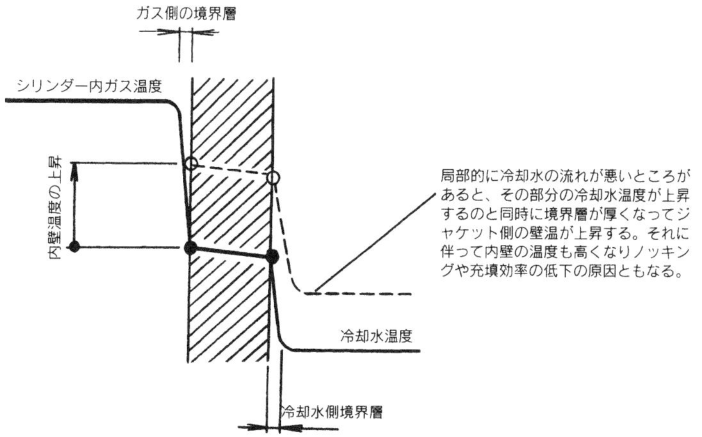
ガス側の境界層
シリンダー内ガス温度
内壁温度の上昇
局部的に冷却水の流れが悪いところがあると、その部分の冷却水温度が上昇するのと同時に境界層が厚くなってジャケット側の壁温が上昇する。それに伴って内壁の温度も高くなりノッキングや充填効率の低下の原因ともなる。
冷却水温度
冷却水側境界層

軟らかいエンジンオイルに交換した

軟らかいエンジンオイルに替えるとフリクションが減り、その分パワーがアップすることがある。軟らかいオイルは粘性による抵抗が小さいので、出力や燃費の改善には有利であるが、その反面、危険も伴うので正しい理解のもとで低粘度オイルを使用することが大切である。

まず、エンジンオイルに要求される諸特性に与える粘度の影響について説明する。エンジンオイルの大きな役目は、(1)減摩作用、(2)緩衝作用、(3)密封作用、(4)冷却作用、(5)清浄作用、(6)防錆作用などである。

(1)は滑りをよくしてフリクションを減らす潤滑油本来の役割のことである。オイルを軟らかくすると、クランクジャーナルやピンとベアリング、あるいはピストンとシリンダーなどの狭い間隙に充満したオイルの剪断方向の力が小さくなるので、滑り抵抗（摺動抵抗）が減少する。(2)はベアリングなどに大きな力が瞬間的に加わったとき、これを和らげ周りに散らす働きのことである。オイルを軟らかくすると、主にこの作用にはね返りがある。(3)はピストンとシリンダーとの間のガスシールで、(4)以下は文字通りの働きであり、オイルが軟らかくなっても直接影響することはない。

オイルを軟らかくしたことで、油膜が切れて金属接触を起こすようなことがあれば致命的である。図1のようにベアリング部の温度はエンジンの回転数とともに高くなる。そして、温度が上昇するとオイルはさらに軟らかくなる。ついにご

図1　ベアリング部の温度の上昇特性

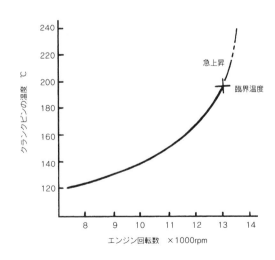

く一部分でも油膜が切れて金属同士が接触すると、その部分の温度は急激に上がってオイルは局部的にもっと軟らかくなる。一瞬のうちに油膜切れの範囲はさらに広がって、金属接触により爆発的に温度は上昇する。私はこの爆発的に昇温し出す温度を臨界温度と呼ぶことにしている。

高回転化は慣性力によるベアリング荷重と摺動速度を増大させるので、ベアリング部の温度はダブルパンチ的に上昇する。また、回転数が同じでもチューニングによってピストンに作用するガス圧力が大きくなれば、その分ベアリング荷重が増えて油膜は切れやすくなる。さらにオイルの温度が高くならなくても、既に説明したようにガソリンによって希釈されると、オイルはさらさらとなりきわめて危険である。

いずれにせよ、高出力化はベアリングやピストンあるいは動弁系などの潤滑にはね返りを伴うので、オイルの選択は慎重に行う必要がある。例えば、軟らかくても温度の影響が小さい（粘度指数の高い）オイルを使用するべきである。しかし、どんなオイルでもタールのような異物が混ざらないかぎり、粘度（粘度指数とはちがう）は図2のように、走行距離とともに低下するので注意を要する。私の経験では840psを出すスポーツプロトタイプカー耐久レース用のターボエンジンで、燃費改善のため出光興産製の15W50の合成油を使ったが、一度もトラブルを起こしたことはなかった。過給圧が低かったり、NAエンジンならばもっと軟らかいオイルでも十分である。要は実用領域で金属接触を起こさずに、(1)～(6)を満たせば使用可である。正しい使い方とオイルの選択を間違えなければ、軟らかいオイルを使用することにより大きなメリットを得ることができる。

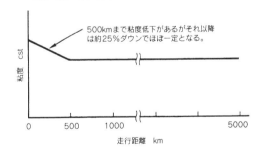

図2　厳しい使い方をしたときのオイル粘度の低下特性

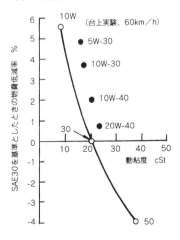

図3　低粘度オイルの使用による燃費改善

エンジンオイルに添加剤を加えた

　いろいろなエンジンオイル用の添加剤が売り出されている。一方、オイルにはもともと各種の添加剤が入れられている。例えば、粘度調整剤、消泡剤、摩擦調整剤などさまざまである。これらはオイルメーカーが中心となって膨大なテストを重ねて開発した、そのオイルの特性を発揮させるのにもっとも適した添加剤だと考えられる。しかし、エンジンの使用条件によっては、摩擦調整剤が不足しているようなことがあるかもしれない。この場合は、自分で添加剤を加えてみることにも意味があるだろう。

　エンジンを始動してまだ油圧が上がらないうちに、すぐピットアウトするレースのような使い方をする場合は、摩擦調整剤として有機モリブデンを加えると効果がある。私は単純な二硫化モリブデンのような無機モリブデンの効果はそう大きくはないと考えている。添加剤を加えると何らかの効果は期待できるだろうが、これにすべてをかけるのは危険のようである。むしろ、私は自分で添加剤を入手してエンジンオイルに混入させるのには疑問を感じている。既に、調製されているオイルと新たな添加剤との相性が気になるし、エンジンの運転条件によっては添加剤がマイナスになることもある。だが今後、魔術的な効き目のある添加剤が市販されれば、エンジンにとって福音となることであろう。

　私はエンジンが想定された正常な状態で回っていれば、エンジンオイルはスーパーストアで売っているいちばん安いも

図1　自分専用オイルの調整は得か損か

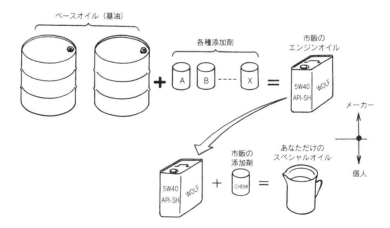

のでもよいと思っている。しかし、エンジンには厳しい運転条件がつきものである。例えば、オーバーラン、過負荷、油温の異常な上昇や低下、ガソリンによる希釈、気泡の混入、ピストンやターボによる局部的な過熱などの危険にさらされている。また、高速回転からのシフトダウンによる急激なコースティングはコネクティングロッドのキャップ側のメタルを傷つける。エンジンにとって、これらの異常な条件はマルファンクションとも呼ばれる。

エンジンオイルの基本はあくまでもベースオイルであるが、これに添加剤を加えることにより特性を改善しているが、完璧であるとはいえない。例えば、消泡剤はオイルにエアが混入するのを防止するが、ドライサンプ式のエンジンの場合は、オイル中に大量に混入したエアが逆に抜けにくくなる。マルティグレードの

高価なオイルでも、どれだけ初期の特性を維持できるかが問題である。だが、高いオイルを使ったり、自分で添加剤を加えることによる精神的な満足感も大切であり、潤滑に関心をもつきっかけとなるかもしれない。かつて、潤滑を制する者は高速エンジンを制するといわれたこともあった。オイル技術が進歩しても、エンジンの使用条件はますます厳しくなる。レーシングエンジンやチューンナップしたエンジンでは、潤滑に関するマルファンクションが一層起きやすく、これが発生したときエンジンを救えるのがよいオイルである。そのエンジンにもっとも適したオイルを選択することがスタート点だといえる。専門メーカーが技術力を駆使して開発したエンジンオイルの特性を簡単に改善できるとは考えにくい。それより、オイルは必ず劣化するので、惜しまずに交換する方が効果的であろう。

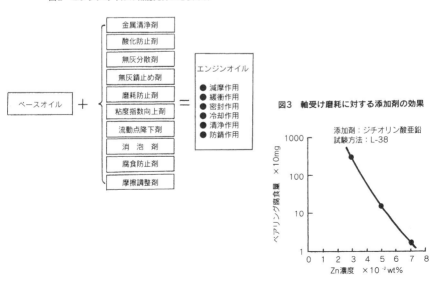

図2 エンジンオイルの機能発揮の必要条件

図3 軸受け磨耗に対する添加剤の効果

オイルフィルターを目の粗いものに替えた

　オイルポンプ（オイルプレッシャーポンプ）の吐出側からメインギャラリーまでの圧損を減らすために、オイルフィルターを目の粗いものに替えたり、エレメントを取り外しているエンジンを見かけることがある。

　図1のようにオイルパンから吸い上げられたオイルは、フィルターエレメントで濾過された後にメインギャラリーへ送られる。この濾材としては寿命、コスト、効率などの点から実用車では濾紙を使い、整備性のよいカートリッジ式がほとんどである。

　オイルがフィルターを通過するときの抵抗が、メインギャラリー内の油圧を下げたり循環油量を減少させることになる。また、オイルクーラーを装着する場合は、図2のようにポンプとメインギャラリーとの間に入れるので、配管やオイルクーラーの抵抗が加わりさらに圧損が増え、オイルフィルターは余計邪魔な存在となる。もし、潤滑系がドライサンプ方式ならば、オイルクーラーをスキャベンジングポンプとリザーバータンクとの間に入れれば、オイルクーラー系の循環抵抗はプレッシャーポンプの負担とはならない。

　本格的なレーシングエンジンでは、細かいメッシュの金網製のフィルターを使うことが多い。金網は濾紙より強度がありまた濾過抵抗もコントロールしやすく、組み立て式の構造とすれば、エレメントだけを交換することもできる。しかし、エンジンの組み立て時にはバリをグ

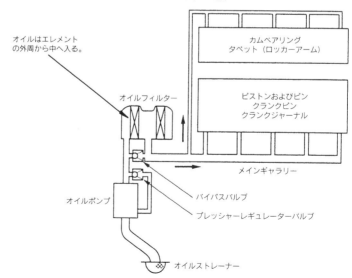

図1　エンジンオイルの流れ

ラインダーで削り、隅部に残る鋳砂や切粉もきれいに落として洗浄し、内部は完全にクリーンな状態になっているのが前提である。

しかし、初期状態では完全であっても、使用過程中に磨耗粉や剥離した金属、下手にボンドを塗った場合にははみ出した接着剤などがオイルに混ざることがある。また、オイルの役目に清浄作用があり、カーボンやスラッジをオイル中に溶かし込んでくる。

一方、ベアリングメタルには金属粉をメタル層の中に埋没させる性質があるが、耐荷重の大きいベアリングメタルほど埋没性は小さくなる。

チューニングによってパワーが大きくなると、ベアリングやピストンの潤滑はますます厳しくなる。そのためには異物のない、少しでも良質のオイルを供給しなければならない。したがって、オイルフィルターやその中のエレメントを取り外すようなことをしてはならない。サーキットでスポーツ走行を楽しむような短時間の場合なら、エンジンの内部がクリーンであるという条件のもとに、許容限界内でエレメントを粗いものに交換してもかまわない。だが、エンジンのトラブルの起こる可能性は決して小さくないと思っていた方がいい。

ここで、オイルポンプの吸い込み側に装着されているオイルストレーナーの金網は1インチ当たり10〜30メッシュ（0.5〜2.2mm）である。一方、ベアリングメタルやピストンの間隙は50ミクロンメーター（0.05mm）くらいである。

したがって、これらを勘案して目の粗さを決めることになる。例えば、金網製のフィルターなら、100メッシュというように、捕獲したい異物の大きさで判断すればよい。

図2　オイルクーラーを装着した場合のオイルの流れ

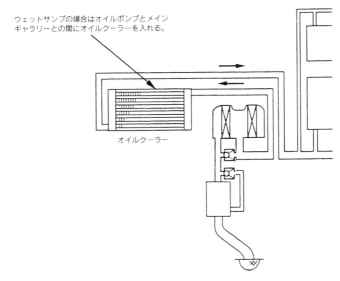

サーモスタットを取り外した

　エンジンの冷却水の温度を設定値に制御するために、冷却系にはサーモスタットが装着されている。サーモスタットの使い方によって入口サーモ式と出口サーモ式に分けられるが、それぞれ一長一短があり、同じメーカーでもエンジンによって使い分けているところがあるくらいである。図1のように、前者は冷却水がエンジンのウォータージャケットからラジエターへ出て行くところの温度が一定になるように制御する方式で、後者はウォータージャケットへ入る冷却水の温度を制御する方式である。

　しかし、いずれの場合でもサーモスタットは冷却水がラジエターへ循環するときの抵抗になる。そこで、サーモスタットを取り外せば、ラジエターへの循環量の増大を図ることができる。また、冷却能力は循環水量のほぼ1/3〜1/2乗に比例するので、流路抵抗の低減効果は大きい。さらに、流速が上がることで燃焼室壁のホットスポットがなくなることもある。しかし、サーモスタットがないと冷却水は常にエンジンとラジエター間を循環することになり、ウォーミングアップ特性が悪化する。

　また、冷却水の温度はエンジンから奪った熱量とラジエターの放熱量とのバランスで決まってしまうので、温度の調節はラジエターの放熱能力を変化させて行う。冷却水の温度が低ければ、ラジエターを覆いコアを通過する空気の量を減らして温度を保つことになる。

　ここで、入口サーモ式の場合は、ウォ

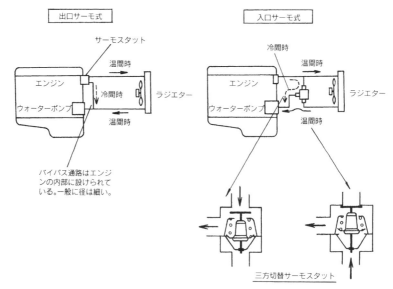

図1　サーモスタットによる冷却水温度の制御

ーター ジャケットの中の冷却水の温度が上がり過ぎるとラジエターからの冷えた冷媒でうめて適温に保つようになっている。ジャケットの上部から冷媒はまたウォーターポンプの吸い込み側へもどり、エンジン側でぐるぐる回っていて、これに必要に応じ冷えた冷媒を混ぜるのが基本的な考え方である。

したがって、入口サーモ式の場合はバイパス通路が大きく、ただサーモスタットを取り外しただけでは、すべての冷媒をラジエターへ送ることはできない。ラジエターを循環するより、太いバイパス通路を通ってまたウォーターポンプに戻るほうが抵抗が少ないからである。そこで、バイパス通路を絞ったりすることにより、ウォータージャケットを出た冷媒がラジエターへ流れやすくした方が効果が大きい。

出口サーモ式の場合はバイパス通路が細くなっており、エンジン内にビルドインされているので、バイパス通路はそのままにして、サーモスタットを取り外すだけでよい。

しかし、いずれの場合も冷却システムとして再レイアウトすることが必要である。冷媒に混入した気体はウォータージャケットの上部に溜るので、これがうまく抜けるようにしておかないと、思わぬオーバーヒートを起こすこともある。これらをよく理解した上でサーモスタットを取り外すのなら問題はない。

そんな大変なことをしてサーモスタットを取り外さなくても、低い設定温度のものに交換するだけでもかなりの効果がある。例えば、冷却システムはそのままでも、設定温度が88℃のサーモスタットを76℃のものに替えるだけでも、オーバーヒートやノッキングをかなり防ぐことができる。

図2 入口サーモ式のメリット

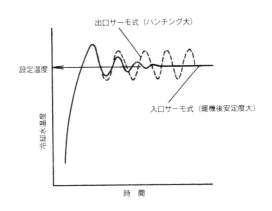

冷却液を水に替えた

　実用車の場合は冷却水といっても、水だけの場合は少ない。厳密にいえば、冷媒あるいは冷却液となるが、本書では慣用的な冷却水と呼ぶことにする。自動車メーカーでオフラインする新車の冷却水には、必ず何十％かの不凍液が注入されている。かつてはその名の通り冷却水が凍結しないようにするのが目的であったが、冷却系の防錆やウォーターポンプのキャビテーションの発生の抑制、また沸点上昇効果もあり、現在ではオールシーズンで使われている。そこで、ロングライフクーラント（LLC）やパーマネントクーラントともいわれる。一般にこれらの主成分はエチレングリコールで、それにさまざまの添加剤を加え着色して商品性を向上させている。

　一方、冷却水が単位時間当たりに奪う熱量は循環体積流量V（m^3/s）と密度ρ（kg/m^3）と比熱C（kcal/kg・℃で表したときの水の値との比）と変化した温度ΔT（℃）との積に比例する。まず、循環重量流量はρV（kg/s）となる。したがって、単位時間当たりに奪った熱量はρVC・ΔT（kcal/s）と表される。ここで、不凍液の密度は水より小さい。

　地球上に存在する物質の中で最大の比熱は、水で1である（原子炉で使う重水は密度、比熱ともに水より大きいが、一般的でないのでここでは水の比熱を最大とした）。当然、不凍液の比熱は水より小さい。したがって、水に不凍液を混ぜると、循環体積流量当たりの熱の移動量は、水だけの場合より必ず小さくなる。

図1　4サイクル水冷エンジンのエネルギー収支

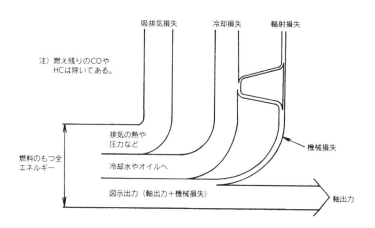

すなわち、エンジンの冷却能力は低下する。当然ながら、エンジン側の冷却能力だけでなく、ラジエターの放熱能力も水だけの方が大きい。

しかし、冷媒として水のみを使った場合は、冷却システム内に錆を発生させることがある。また、井戸水や川の水は硬水の場合が多いので、水道水や蒸留水を使った方がよい。もし、水が濁ってきたら必要に応じて化学洗浄を行い錆取りをする。そして、洗浄液を抜いた後で水道水を流しっぱなしにして、化学物質を洗い落とす。

錆がウォーターポンプのベーンに付着するとポンプの性能が低下するし、ポンプのメカニカルシールを傷めることもある。さらに、錆が水穴を塞いだり、ウォータージャケットの壁面に堆積すると、少しではあるが伝熱の抵抗になる。当然、気温が下がると凍結の恐れがあるので、冬場には必ず不凍液を注入することを忘れてはいけない。ここで、不凍液が入った冷媒を抜いて水に替えるとき、少し不凍液が残っていると錆の発生を助長することがあるので、きれいに洗浄することが大切である。

私は、決勝レース中でも840ps以上を発生する3.5ℓのターボエンジンを搭載したスポーツプロトタイプカーでは、冷媒としては水を使っていた。冷却能力を最優先したからである。

また、循環量を増やすために抵抗の少ないサーモスタットを開発し、これを並列に二連装備していた。前項で述べた方法と合わせて、しのぎをけずるレースでは冷媒は水、可能なら抵抗の少ないサーモスタットを使用し、出口サーモ式とするのが強い冷却システムである。また、冷却系は加圧圧力を上げて、沸騰点を高く保つようにするのもよい。

図2　V8-3.5ℓエンジンのラジエターおよびオイルクーラーからの放熱特性

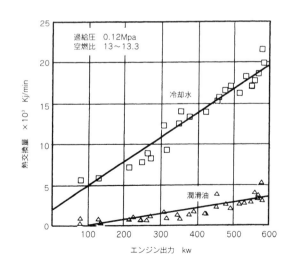

マフラーをずんどうにした

面白いことに排気騒音を低減するためのマフラーは、それ自身でも騒音を発生させている。例えば、メインマフラーを単体にして空気を流すと、ピーという大きな気流音を発生する。また、自動車の車外騒音エネルギーの10％程度は排気系の表面から放射されている。マフラーは排気吐出音を低減するが、騒音の発生源ともなっている。しかし、排気の騒音エネルギーを低減する効果が圧倒的に大きくなるように設計されているから、それ自体で音を出しても差し引き大きな騒音低減効果を発揮する。

マフラーの消音原理と基本的な分類については、拙著「乗用車用ガソリンエンジン入門」で詳しく述べてあるので、ここでは簡単に説明しておく。自動車用のマフラーは図1のような(a)単純拡張型、(b)内部エレメント式拡張型、(c)共鳴型、(d)共鳴拡張型を基本としている。プリマフラーは(d)の共鳴拡張型で、主に高周波の排気騒音を低減する。小さな穴がいっぱいあいたパイプの外側に空間をもたせてケースで覆ったものである。したがって、プリマフラーの排気抵抗はメインマフラーよりかなり小さい。また、触媒コンバーターがプリマフラーの機能を兼ねることもある。

メインマフラーは、これらの基本要素の組み合わせであり、主に低周波の騒音を低減する。プリもメインマフラーも構造によって主に消音する周波数は決まってしまう。すべての周波数の騒音を著しく低減することはできないのである。ま

図1 マフラーの基本構造

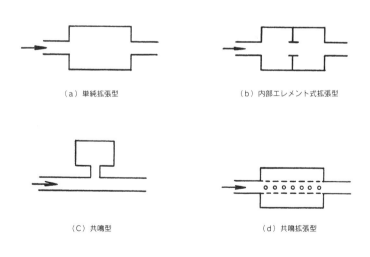

(a) 単純拡張型　　(b) 内部エレメント式拡張型

(C) 共鳴型　　(d) 共鳴拡張型

た、低周波の騒音ほど低減するのに、大きなボリュームが必要になる。したがって、メインマフラーは大きく複雑な構造をしている。また、メインマフラーは主にアイドリングや低速時の排気騒音を低減するのが目的である。メインマフラーの内部は消音したい周波数に応じて少なくても3室、普通は4室に分かれている。例えば、図2のように拡張と共鳴だけによって消音しようとしても、排気は内部をぐるぐる回ることになる。また、拡張したりエレメントを通過するたびに圧力損失が生じる。

すなわち、排気のもつ音響エネルギーを消費させるためには、排圧の上昇を避けることはできない。その排圧は吸入空気量の二乗に比例して増大する。そこで、制御型のマフラーは、エンジンの高速回転時にマフラー内の一部の室をバイパスさせて排圧を下げるようになっている。

この考えの究極がメインマフラーをずんどうにして、その二乗に比例して増大するときの比例定数を小さくしようとするものである。だが、公道を走行する場合、これは反社会的な行為であり、厳しく取り締まられている。

そこで、チューニング用のマフラーとしては、低排圧と消音機能を両立させたい。そのためには、まずマフラー内の通路の断面積を大きくして、排気の流路抵抗を減らすことである。

しかし、これだけでは消音性能が犠牲になる。そこで、前述の拙著にあるような通路断面積とボリュームとの間の関係を保つような大型のマフラーにすれば、ほぼ目的は達成される。そして、騒音レベルを測定し、規制値を満たしていることを確認する。決してマフラー内のエレメントを取り外すようなことはしないでいただきたい。

図2 拡張と共鳴による簡単なマフラーの例

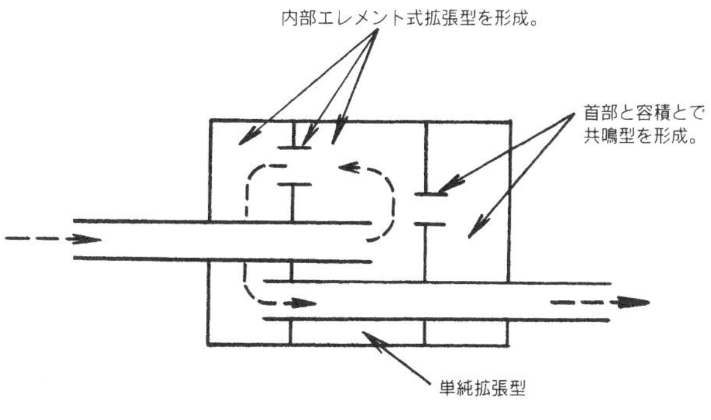

内部エレメント式拡張型を形成。

首部と容積とで共鳴型を形成。

単純拡張型

排気チューブを太くした

　排気系の抵抗を減らすことによって、パワーアップを図ることができる。そのための方法のひとつとして、排気チューブの径を大きくすることは有効である。

　ここで、排気チューブとは、図1のようにフロントチューブ以降の管の部分をさす。しかし、その前に排気抵抗が、どのようにエンジン出力に影響するか考えてみよう。エンジンは圧力の低い吸気マニホールドから混合気や空気を吸い込んで、圧力の高い排気マニホールド内に押し出す。すなわち、エンジンがポンプ作用をするから、ポンピングロスと呼ばれる。したがって、排圧が高ければ、このポンピングロスが増大することによってパワーアップが妨げられる。

　ところが、高過給のターボエンジンでは、たまに排圧より過給圧が高くなり、ポンピングロスがロスではなくなることがある。拙著「レーシングエンジンの徹底研究」で紹介している、ターボエンジンVRH35Zではしばしばこのようなデータが得られた。

　また、排圧の上昇は28頁で述べたバルブオーバーラップ中のシリンダー内の残留ガスの排出抵抗となる。ひどい場合には排気がシリンダー内に逆流するのを助長することになる。残留ガスが増えるとその分吸入空気量は減り、また内部EGR（排気還流）となって燃焼にマイナスの影響を与える。では、排気チューブを単に太くするだけでよいかというと、決してそうではない。

　排気系のチューブの太さは、慣性排気

図1　セミデュアル型排気系の集合部の位置

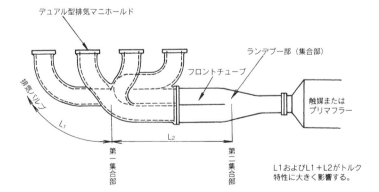

L1およびL1＋L2がトルク特性に大きく影響する。

と排気のイジェクター作用に影響している。排気マニホールドがデュアル型の場合は、一般に2本の排気管をフロントチューブでひとつにまとめることになる。この合わさったところをランデブー部、あるいは集合部といっている。このランデブー部の位置がトルク特性に大きく影響するので、フロントチューブの長さをいろいろと変えることによって、エンジンの出力特性の味付けに用いている。例えば、ここの管径が細いと低速トルクは改善されるが、高速側に大きな犠牲を払うことになる。

また、逆に太すぎると排気系内のガスの流速が低下して、慣性効果を利用しにくくなりイジェクター効果も小さくなる。ここで、チューブの内径を10％太くしたとする。すると、通路面積は21％大きくなり、排気の流速はその分低下する。逆にいうと、排気温度に変化がなければ、吸入空気量が21％増えたエンジン運転条件で同じ流速となる。この程度の大径化ならば、エンジンの特性をそう変えないでパワーアップ効果を期待することができる。

管径が太くなってもランデブー部が同じ位置なら、最大トルクの発生回転数は少し高速側に移動するはずである。管径が同じならランデブー部をエンジンに近づけると、低速トルクは犠牲になるがトルクピーク点は高速側に移動する。ここで、フロントチューブを手づくりする場合には、図2のように合わさったところの角度が大きくならないように、内部に溶接のバリがでないように気をつけることが大切である。

また、管径が太くなると車体との干渉が厳しくなり、重量も増えるので、クリアランスの確保とクランプを確実にしていただきたい。

図2　集合部の合わせ方

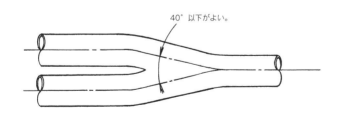

排気マニホールドを板金製にした

板金製の排気マニホールドは鋳鉄製にくらべて軽く、内面も滑らかで高温にも耐える。普通はステンレス、熱負荷が厳しいレース用では、さらに耐熱性のすぐれたインコネルXなどを使う。ステンレスの場合は管に成形したものが市販されているが、特殊な材料を用いるときは薄板を巻いてパイプを作るところから始めなければならない。板金製のマニホールドはすべて溶接構造となるため、製作にはかなりの技術を要する。また、排気マニホールドには、灼熱した状態で大きな力が加わるので強度の確保はきわめて大切である。とくにターボが装着されると、応力が集中するヘッドへの取り付けフランジ部で折損しやすくなるので、この部分に補強を入れたり、ステーを取り付けたりする。

チューブの部分は、管の内部に砂を詰めてパイプベンダーで曲げて成形するのが一般的である。このとき技術力にもよるが、管の曲げアールはあまり小さくできない。例えば、中心線で管の直径の2倍以上のアールは覚悟しておかなければならない。もっと小さくする必要がある場合には、板金製の半割り状のピースを溶接して、曲がりの急な部分を製作する。排気マニホールドを板金製にする第一の目的は出力の向上である。そのためには慣性効果をうまく利用して、排気を残らず引っ張り出さなければならない。

まず、各シリンダーからの排気マニホールドブランチの長さをできるだけ揃えるようにレイアウトする。ここで、排気

図1　4シリンダーエンジンの排気管のまとめ方

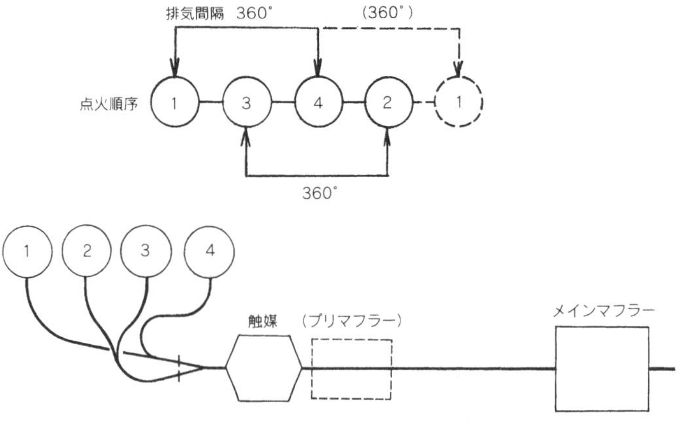

バルブから最初の集合部までの距離が大切で、これが長いと低速型のエンジンとなり、逆に短いと高速トルクが向上する。また、集合部では中心線が鋭角状（できれば40°以下が望ましい）に交わるようにして、他のシリンダーからの排気の干渉を避けるようにする。また、点火順序が隣あうシリンダーの排気ブランチをひとまとめにしてはいけない。例えば、図1のように直列4シリンダーエンジンの場合、点火順序は①―③―④―②である。そこで、①と④、③と②を集合させれば、排気の吐出はクランク角で360°ずつの等間隔となる。

直列6シリンダーエンジンの点火順序は①―⑤―③―⑥―②―④であるので、前半分の①、②、③と後半分の④、⑤、⑥とに分ければ、各グループは120°ごとに排気が流れる。また、V6エンジンでは左右のバンクごとにまとめればよい。そして、前項で述べたように、最終的に1本の排気チューブとするか、あるいは2本のままでテールパイプまでもっていくかである。

前者をセミデュアル、後者をデュアル式という。当然、デュアル式の場合は、2系統のマフラーや触媒が必要である。なお、全部のブランチを1ヶ所で集合させた場合、性能的には板金製にした意味がなくなってしまう。

排気マニホールドやフロントチューブで管の断面積を広げながら曲げると、図2のように剥離が起こって、流路抵抗が増大する。しかし、メインマフラー以降のテールパイプをラッパ状に広げてディフューザー構造にすると、開放端が無限に存在するような効果があり、若干ではあるがトルク特性はフラットになる。板金製の排気マニホールドは理想的な排気システムに必須の構成要素である。

図2　テーパーさせながら曲げると剥離が起こる

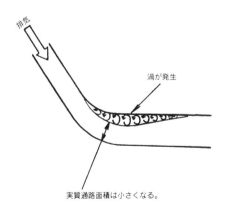

排気管の集合部の位置を変えた

　セミデュアル式の排気系のフロントチューブの集合部（ランデブー部）の位置を変えると、トルク特性が変化する。これは、かなり敏感で十～十数cm変えるとトルクに影響が現れる。

　集合部をエンジンから遠ざけると、一般に低速トルクは大きくなるが、高速側の伸びにはね返りがある。また、近づけるとこの逆になる。ここで、つぎのようにすれば集合部の位置を手軽に変えることができる。集合部をエンジンに近づける場合は図1のように、使用中のフロントチューブをAの部分を切り取って再溶接する。また、逆にフロントチューブを一旦切断してつなぎのパイプを入れれば、集合部は遠ざかる。

　だが、この方法は下手をすると安かろう、悪かろうになってしまう。まず、突き合わせた溶接部の強度が低くこの部分にクラックが入ったり折損する。

　また、内部に溶接によるバリが出やすい。このバリが出ると、排気の抵抗となって、トルクの改善どころではなくなってしまう。フロントチューブ全体を専門のメーカーで作り直してもらうのなら、強度や内面の平滑度は保たれるが、費用がかさむ。

　そこで、私は現用のフロントチューブを図1のようにうまく改造して使うのがよいと思う。図の左のようにチューブの切断部をぴったりと突き合わせておいて、その外側にちょうど合う内径のパイプを被せて両端の周囲を溶接する。こうすれば内部にバリが出ないし、強度も確

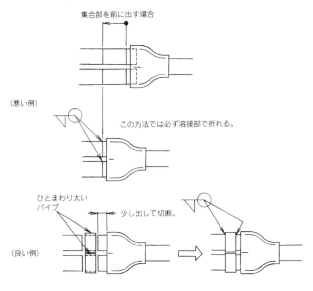

図1　フロントチューブの集合部位置の変え方

保できる。

　ぴったりと合う内径のパイプがない場合には、薄板で半割り状のシェル（殻）をつくりこれでチューブを両側から挟んで溶接する。また、シェルにフランジをつけたり、一度に2本のチューブを挟み込むとさらに強度が高くなる。

　シングルターボや触媒コンバーターが排気マニホールドに直付けされているエンジンでは、フロントチューブは1本のままなので集合部はない。この場合はせいぜい径を太くしたり、曲がりを緩やかにする程度しか手を加えることはできない。セミデュアル式で床下触媒の場合は排気系にチューニングの余地が残されている。

　だが、フロントチューブの集合部の位置を変えると、触媒の入口の排気温度も変化する。入口温度が低下すると、触媒のウォーミングアップ時間が長くなって、コールド時の排気特性が悪化する。また、逆に触媒の位置がエンジンに近づくと、触媒の劣化が大きくなる。

　サーキット走行専用のマシンでは、排気系のチューニングの自由度が大きく技術力を発揮できる。この基本的な考えは排気の慣性効果をうまく利用することである。拙著の「レーシングエンジンの徹底研究」で吸気および吸気の慣性効果について触れているが、この現象についてはまだ完全に明らかにされているとはいいがたい。自動車メーカーはそれぞれが経験的に開発した式によって、排気系を設計しているのが現状であるようだ。そこで、私はモデル実験や実機テストにより、複雑な要因がからみあった慣性効果の解明を試みている。

　この解析が完了したら学会で発表し、汎用的なチューニング技術として使えるようにまとめるつもりである。

図2　強度を確保したペアチューブ長の変え方

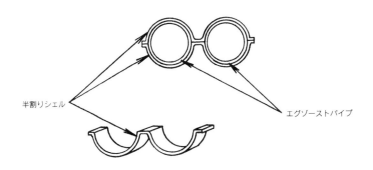

点火プラグを熱価の高いものと替えた

　ディーゼルエンジンは、圧縮によって着火点以上の温度になったシリンダー中の空気に燃料が噴射され、燃焼が始まる。しかし、ガソリンエンジンは電気火花によって、燃焼が開始されるので、点火プラグはきわめて重要なチューニング要素である。しかし、高性能エンジンでは吸排気バルブの径が大きく、4バルブや5バルブ化していて点火プラグの取り付けスペースは小さくなる一方である。四輪車用エンジンの点火プラグは取り付けネジの寸法は14mmが主流である。二輪車ではもっと細いものが使われているし、私もスポーツプロトタイプカー耐久レース用のNAエンジンでは10mmの点火プラグを用いていた。

　使用条件と熱価がうまくマッチすれば、細いプラグでも問題はない。ところで、点火プラグの熱価とは平たくいえば、プラグの電極の冷えやすさのことである。エンジンをチューニングして混合気を多量に吸い込み、圧縮比も高くなると当然燃焼温度は高くなる。一方、点火プラグの電極は燃焼ガスにさらされ、燃焼温度の影響を直に受ける。チューニングによってプラグ電極の温度が上がると、電極が溶損したりノッキングなどの異常燃焼の原因となる。熱で溶けた電極がピストンに落ちると冠面に穴があくことがあるし、ノッキングによってピストンを損傷することもある。

　ここで、点火プラグの構造と熱の伝わり方を図1により説明する。まず、外側電極が受けた熱は取り付けネジ部からシ

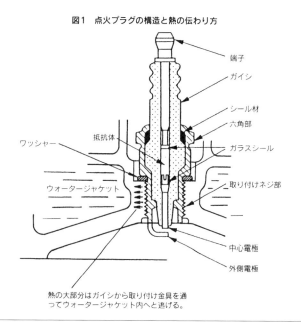

図1　点火プラグの構造と熱の伝わり方

熱の大部分はガイシから取り付け金具を通ってウォータージャケット内へと逃げる。

リンダーヘッドを経由して、ウォータージャケットに捨てられる。また、中心電極が受けた熱の大部分はガイシを通して取り付けネジ部からシリンダーヘッドのプラグボスへ、そしてウォータージャケットへと伝わる。その他は直接空気によって冷却されたり、ハイテンションケーブルへと逃げる。中心電極の冷却は外側電極にくらべ複雑なように見えるが、この部分の温度は主にガイシの形状によって影響される。

図1のようにガイシの金属部に接する部分の面積を増やせば、熱が逃げやすくなる。すなわち、冷え型（コールドタイプ）となり、熱価は高くなる。また、この逆を焼け型（ホットタイプ）という。では、熱価が高ければ安全かというと、決してそうではない。プラグには最適な使用温度があるからだ。温度が低すぎると、電極やガイシの表面に導電性のカーボンが付着して火花が飛ばず、ミスファイアの原因となる。よく、この現象をくすぶりという。電極が自己清浄温度（例えば、650℃）以上でなくては、安定した点火が得られない。また、高すぎると先に述べたような問題が発生する。そこで、ただ熱価の高いものに替えないで、アイドリング中にも汚れず高負荷でも異常燃焼を起こさないようなプラグを選択すべきである。例えば、熱価が5のプラグが標準装備であれば、まず6にしてみるとよい。ノッキングに対して、かなり楽になるはずである。

プラグの電極部分は耐熱性にすぐれたニッケルや白金などでつくられている。ニッケルは安価ではあるが、耐熱性は白金より劣るし磨耗も大きい。だが、最近ではニッケル製でも中心電極の内部に銅などを入れて熱の逃げを改善し、ワイドレンジ化してきている。

図2　各種パラメーターが点火プラグの放電電圧に与える影響

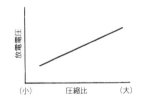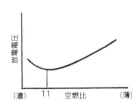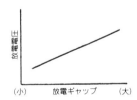

圧縮比を上げ空燃比をリーンにして、燃焼改善のためギャップを広げると要求二次電圧はますます高くなる。

79

点火プラグを電極の形状のちがうものと交換した

中心電極と外側電極との間の混合気に放電電流が流れ、燃焼開始に必要な活性化エネルギーが与えられる。ここで、電流とは電子の流れであり、電子はマイナスの電荷の微粒子である。電気がプラス極からマイナス極に流れるということは、反対に電子がマイナス側からプラス側へ移動することである。点火プラグでは外側電極から中心電極に向かって電子が流れている。

そこで、火花がうまく飛ぶような電極の形状、電極間の隙間（プラグギャップ）、燃焼空間の中央への突出など、前述の熱価とは別に電気点火の基本原理と燃焼理論にもとづいていろいろな形状の点火プラグが市販されている。

図1に点火プラグの電極の例を示す。

(a)はやや旧式ではあるが、基本的な形のプラグである。ギャップの部分が取り付け金具の先端か、それよりやや燃焼室の中央部へ突出した位置にある。ところが、厳しい排気規制が実施されて燃焼が見直され、点火の重要性がクローズアップされた。

そこで、実用化されたのが電極を燃焼空間の中央部に思い切って突き出した(b)のようなプロジェクションタイプである。電極をこのように突出させると、電極の温度が上がるので大きな熱価のものは作り難い。また、電極の強度が低下するので、レースなどでは使用しない。

(c)は電極を細くしたもので、スパーク部分の電気密度を上げたものである。根元を太くして先端を細くするなどバリ

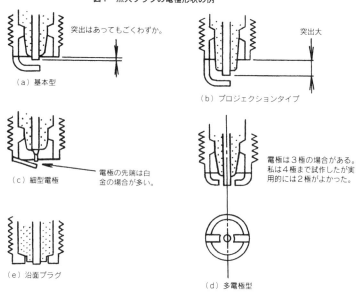

図1　点火プラグの電極形状の例

エーションがあるが、放電部の電気密度を上げようとするコンセプトは同じである。スパーク部分が細いと熱的に厳しいし、磨耗によってすぐやせ細ってしまうので、少なくとも先端部分には白金を用いている。私は、チューニング用の点火プラグとしては、このタイプをおすすめする。

(d)は外側電極を複数にして、スパークしやすいところから放電させようとするものである。片方の外側電極が磨耗すると、まだギャップが大きくなっていない方の電極から放電が起こるというメリットもある。しかし、この点火プラグはギャップ間の混合気が電極によって冷却されて着火にはね返りがあることや、よい混合気がギャップの間に入りにくくなることもある。私の経験では太い電極のままで、多電極化をするのは損である。細い電極で多極化すれば、多少のメリットはあるだろう。

また、(e)は外側電極が無数にあると考えられる沿面プラグである。取り付け金具の先端を内側に曲がり込ませて、ここに外側電極の役目をもたせている。したがって、火花はガイシに沿って四方八方から飛ぶことになる。私は、V12シリンダーのスポーツプロトタイプカー用のエンジンで、CD(コンデンサーディスチャージ)方式の点火系と組み合わせて10mmの沿面プラグを用いていた。しかし、普通の点火系のままで、わざわざこのタイプの点火プラグに替えるほどのことはないだろう。

もし、次の項で述べるブレークダウンが完全で、十分な点火エネルギーを供給できるのなら、プラグのギャップは大きい方がよい。しかし、点火系をそのまま使うのなら、ギャップは変えない方が無難である。

図2　点火プラグの電極を突出させるだけではデメリットもある

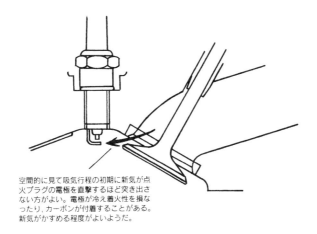

空間的に見て吸気行程の初期に新気が点火プラグの電極を直撃するほど突き出さない方がよい。電極が冷え着火性を損なったり、カーボンが付着することがある。新気がかすめる程度がよいようだ。

点火エネルギーを大きくした

　圧縮した混合気が燃焼を開始するためには、スパークによって活性化エネルギーを注入しなければならない。シリンダー内での燃焼については拙著「レース用NAエンジン」に詳しく説明してあるので、そちらをご覧いただくとして、ここではチューニングの観点から点火エネルギーについて考えてみる。エンジンが順調に回るための基本的な三大条件は、よい混合気、よい圧縮、よい火花である。圧縮後の混合気の状態が良好なら、点火エネルギーは5ミリジュールでも十分である。しかし、過渡状態や残留ガスが多く存在したり、混合気の質がよくなければ、着火するためにさらに余分のエネルギーが必要である。ちょうど、少し湿った紙に火をつけるためには、マッチ数本が必要であるように。

　電子制御ユニットからの信号により、点火が開始される。まず、点火プラグのギャップ間の混合気をイオン化するためのブレークダウン電流（破壊電流）が流れる。この電流はコンデンサーに蓄えられた電気が放出されたもので、容量成分と呼ばれる。このときの電圧はきわめて高いが（例えば2万ボルト）、ほんの一瞬なので電気エネルギーとしては小さい。図1のように、ブレークダウンに続く持続電流のエネルギーが点火を支援する。これは、コイルとコンデンサーによって発生する誘導電流で、誘導成分という。この誘導成分が続く時間を持続時間といい、2〜3ミリセコンドである。

　普通の点火系は、容量成分と誘導成分

図1　点火プラグの放電特性

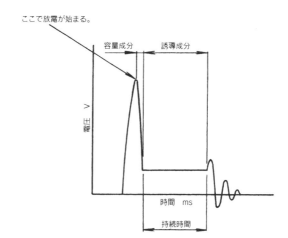

とで構成された放電特性である。これに対し、容量成分を大きくしたCD（コンデンサーディスチャージ）方式がある。これは、持続時間がほとんどなくて点火するものであり、12000rpm以上の高速回転をするエンジンに適する。それは、もし12000rpmだと、クランク軸が1回転する時間は5ミリセコンドであり、持続時間中に半回転してしまうからである。超高速エンジンでは、きわめて短時間に点火エネルギーを供給するイグニッションシステムが必須である。

チューニングで点火エネルギーを大きくすることはメリットがあるが、下手をすると意味がなくなってしまう。EGRをしたエンジンの点火エネルギーは40ミリジュール以上あるのが普通であり、チューニングしても、これだけのエネルギーがあれば十分である。また、回転数を極端に上げるのでなければ、CD方式に変える必要はない。

チューニング用のイグニッションシステムで、持続時間を長くしてこの時間内に火がつくのを期待するものもあるようだが、私は効果は少ないと思う。混合気はもっともよいタイミングに燃焼を開始しなくてはならないが、遅れて着火したのではベストの図示平均有効圧は得られないからである。点火プラグがスパークして一定時間後に必ず燃焼が開始するのが正常で、混合気に火がつくまでの時間にばらつきがあるようでは正しいチューニングとはいえない。また、点火コイルだけを大きくしても、この一次コイルに供給される電気エネルギーが同じなら効果はほとんどない。必要な点火エネルギーはプラグに火が飛ぶときの混合気の状態（圧力や温度を含む）によって変化するので、多少余裕をもったイグニッションシステムにするのがよい。

図2　火花放電による混合気への点火

容量成分によってマイナス極からプラス極に向かって電子が流れ電気路をつくる。混合気のごく一部分がイオン化されている。

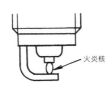

火炎核

その電気路を通って活性化エネルギーが注入され、初期火炎核が形成される。これが火種であり吹き消さないようにすることが大切である。

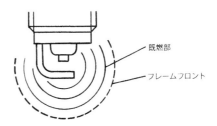

既燃部
フレームフロント

一瞬、間をおいて一気に燃え広がる。ある方向の燃焼速度は、既燃部分のガス圧でフレームフロントを押し出す速さと、自らが燃え広がる速さと、ガス流動による速さのその方向のベクトル和である。

吸気バルブの傘径を大きくした

吸入効率を上げてパワーアップを図るために、吸気バルブの傘径を大きくすることは常套手段である。同一エンジン・ファミリーなら、バルブのステム径や長さが変わらず取り付け関係が同じ場合が多いので、一つ上の排気量のエンジンのものをそのまま使用して、手軽にバルブ径を拡大することができる。

例えば、1.6ℓ用のシリンダーヘッドのバルブシートを加工すれば、これより若干径が大きい1.8ℓ用の吸気バルブの適用が可能になる。妥協を許さない場合は傘径の大きいバルブを素材とし、これから削り出せば希望のサイズのバルブを得ることができる。

ところが、バルブの傘径と吸気ポートおよびバルブスロート（喉部）径との間には一定の関係があり、傘径だけを大きくしても効果は少ない。図1のように傘径Dvのバルブがlだけリフトしたとき、吸気が流れる面積S（カーテンエリア）はπDv×Lとなる。Dvを5%大きくすれば、Sも同じく5%大きくなることが分かる。ところで、Lはバルブリフトカーブにしたがって、ゼロから最大リフトまで変化する。Lが小さいときには、傘径を大きくした効果はあるが、Lが大きくなると吸気の流れの抵抗となるのはポート部やスロート部となってしまう。すなわち、傘径を大きくすると同時にポートやスロート径を拡大することが必要になる。図2のように吸気ポート径の一番小さいところがスロート径Dpだとすれば、私の経験ではDv＝Dp＋（4～5㎜）程度が最

図1　バルブスロートとカーテンエリアの関係

カーテンエリアの面積　S＝πDv·L
Dv=Dp+（4～5㎜）がよい。

図2　バルブシートの加工（拡大図）

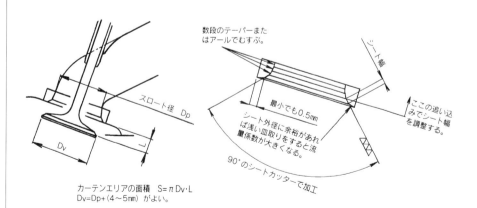

適であった。これを目安にバルブの傘径を決めるなり、ポートを拡大すればよい。

一方、バルブシートが圧入されている場合、シートの外径はバルブの傘径より少なくとも1mmは大きくなくてはならない。また、バルブが当たるシート面の幅は1.2〜1.4mmくらいがよい。さらに、ここスロート部とは何段かにわけたテーパーかアールでむすぶことが大切である。シートの当たり面の幅は、このつなぎの部分の追い込みで調整する。バルブシート面の拡大と仕上げはよく切れる頂角90°のシートカッターで行う。そして、2種類（粗目と細目）のコンパウンドを用いてバルブの擦り合わせをし、ポート側から圧搾空気を作用させて漏れのないことを確認する。

つぎに大切なことは、バルブの傘径が大きくなって、隣のバルブや壁面と接近しすぎていないかということである。バルブがリフトしてできたシートとの隙間よりこの部分が極端に狭かったら、傘径を拡大して吸気が流路面積を広げた効果は小さくなってしまう。4バルブや5バルブでは隣接するバルブの間隔が狭くなるのは仕方ないことであるが、シリンダーや燃焼室の壁面とは、少なくとも2.5mmはほしいところである（図3）。そして、この最小の間隔の範囲が傘部の全周ではなく、ごく一部分ですむようにすべきであり、傘径拡大の律則はここにもある。

また、このチューニングによりバルブの重量が若干なりとも増えるため、バルブスプリングの強さにも気を配ることを忘れないようにする。もし、弱いと判断されても、スプリングの密着長に余裕があれば、スプリングのロワリテーナーの下に薄い鉄板製のワッシャーを噛ませてセット荷重を上げるだけで、対策できるであろう。

図3 吸気バルブ径拡大の限界

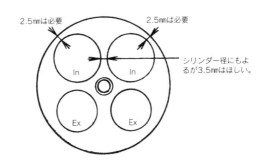

排気バルブの傘径を大きくした

　排気バルブの傘径は吸気バルブより小さい。それは、吸気にくらべてバルブの前後差圧が大きいことと、温度が高いので音速が大きくなることによる。ここで、バルブやノズルのような絞りがあると、その部分を通過する気体の流速は音速を超えることはできない。絞りの部分の前後差圧をだんだん大きくしていって、流速がちょうど音速になるときの差圧を臨界圧といい、大気圧下では400mmHg程度となる。なお、このときの音速は340m/sである。一方、現実のエンジンではここを通過するときの流速は最大でも音速の0.5～0.7程度である。また、気体を伝播するときの音速は、温度をT（単位はケルビン、K）とするとほぼ$20\sqrt{T}$m/sとなる。したがって、排気の場合はバルブを通過するときの流速が大きく、その分カーテンエリアが小さくてもよい。すなわち、排気バルブの傘径は吸気のそれよりも小さくてすむということになる。

　しかし、吸気バルブの径を大きくすると吸入効率が上がるので、その分排気の流量が増大する。排気の流速を一定に抑えようとすれば、当然排気バルブの傘径を大きくしなければならない。すなわち、排気バルブの傘径は吸気バルブの大きさと大きな関連がある。拙著「レース用NAエンジン」に述べてあるように4バルブエンジンの場合、吸気バルブの傘径はシリンダー径の0.4倍、排気は0.35倍程度である。これから、排気バルブの傘径は吸気バルブの85～90％程度ということになる。したがって、排気バルブの傘径を

図1　臨界圧とは

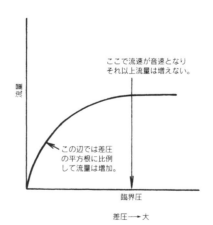

これより大きくしても、ほとんど効果はないであろう。

　吸気バルブの傘径を大きくして排気バルブとのバランスがくずれたら、排気バルブの大径化が必要になる。このとき、適当なサイズの吸気バルブがあったからといって、これを排気バルブとして使うのはきわめて危険である。

　排気バルブと吸気バルブとでは材質が異なり、場合によっては排気バルブには冷却促進のため金属ナトリウムの封入が必要であるからである。吸気バルブにくらべ排気バルブは、より耐熱性のすぐれた（ニッケル分の多い）金属でできている。また、バルブシートとの当たり面にはステライト盛りなどの磨耗対策が施されているので、もし吸気バルブを削り直してサイズダウンをする場合には、このステライト部分が残るように気をつけるように。もちろん、前項の吸気バルブの場合でも、バルブを再加工して使うときにはステライト層を残しておくことが必要である。しかし、排気バルブでステライト部分がなくなったり薄くなると、磨耗が著しく加速される。また、排気バルブは傘径は小さくても吸気側よりも厚く頑丈にできているので、吸気バルブを再加工して使う場合には形状にも配慮が大切である。

　チューニングによってパワーが出ると熱的には厳しくなるし、回転数が上がれば、その二乗に比例して慣性力は増大する。また、エンジンの中でもっとも高温にさらされるのは、点火プラグの電極と排気バルブである。排気マニホールドやターボのタービンも高温になるが、排気バルブはその上流である。真っ赤になって高速で運動する排気バルブをイメージしながら、この部分に手を加えるとミスはぐっと少なくなるであろう。

図2　一般的な排気バルブ

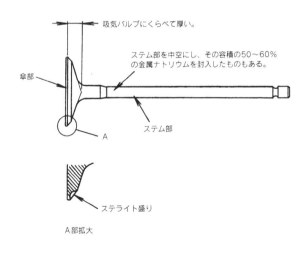

バルブの擦り合わせをした

バルブを擦り合わせて気密性を改善すると、燃焼に必要な三大条件（よい混合気、よい圧縮、よい火花）である点火直前の圧縮圧が上昇する。圧縮漏れがなくなると、エンジンは見違えるほど気持ちよく回るようになる。まず、始動がよくなり、アイドリングが安定する。パワーも出るようになり、心なしか音もよくなる。バルブが不密着になると、圧縮や膨張行程中にガスが吸気マニホールドに逆流したり、排気系に未燃焼の燃料が漏洩することがある。

エンジンの運転中に、バルブおよびシートは必ず変形し磨耗している。バルブはカムプロフィールにしたがって運動していても、シートに着座するときの衝撃は想像を絶するほど大きい。シリンダーヘッドに動弁系を組み込んでカムシャフトをモーターで駆動すると、着座時の振動と大きな音が観察される。実機運転中はバルブやシートは高温になっているので、変形や磨耗はさらに助長される。また、バルブを交換するとシートとのなじみが全くないので、擦り合わせが必要となる。バルブの擦り合わせでまず大切なのが、バルブの全周が一様に当たっているか、当たりの幅が適切であるかの判断である。長く使ったバルブのシートとの当たり面には、図1のような磨耗が生じていることがある。この場合にはバルブを交換するか、リサーフェースを行わないと正しい当たりを期待することはできない。バルブの傘の全周にはステライトを盛ってあるが、指でさわっただけで段

図1 バルブとシートの磨耗

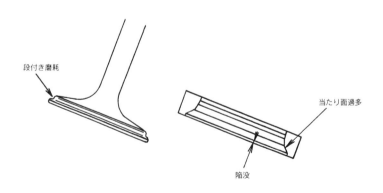

付きが分かるほど磨耗していることがあり、いくら擦り合わせても無駄になることが多い。

シートの変形が大きく、擦り合わせだけでは時間がかかると判断された場合には、バルブガイドを芯にしてシートカッターで当たり面を加工する。

その必要が無い場合は直接、擦り合わせを行う。まず、粗いコンパウンドをつけて当たり面を出し、つぎに細かいコンパウンドで仕上げをする。最後にバルブ側に光明丹を薄く塗って、ぱちんと一回シートにたたきつけ、シートに橙色のリングが一様な幅で連続して付いているかを確認する。ていねいにするにはその逆も行う。その幅が大きいとバルブからの熱の逃げはよいが、面圧が低下するし異物を噛み込みやすくなる。狭いとバルブの放熱性を損ない、最初はよくても当たりが不安定になる。いずれもバルブの気密性に問題が出やすい。私は、光明丹で見た当たり幅は吸気バルブで1.2〜1.4mm、排気側はそれより0.2mmくらい大きいのが好きである。

当たりの幅が大きすぎる場合には図2のようにバルブシートの二番角で調整する。なお、シートの面圧やバルブスプリングのセット荷重などについては、拙著「乗用車用ガソリンエンジン入門」をご参照いただきたい。

ヘッドにバルブを組み付けてヘッドを裏返しにして、ポート内に空気圧をかけて燃焼室側に漏れてこないことを確認する。空気圧は$1kg/m^2$以上とし、漏れは燃焼室側のバルブの傘の周りにエンジンオイルをたらして目視で行う。なお、自動車会社のラインではバルブの擦り合わせをしていないが、これはバルブの当たり面の頂角をごくわずかシート側より大きくしているからである。

図2 バルブシートの当たり幅の調整

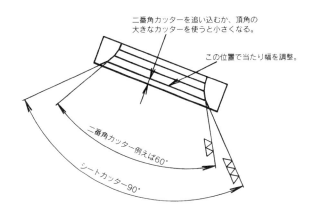

バルブシートの形状を変えた

　バルブシートの形状は、そこを流れる吸気や排気の流量係数に微妙に影響する。流量係数とは、絞りのある部分を流れる流体の体積と、その部分と同じ断面積の空間を流れるそれとの比であり、1より小さい値である。例えば、これが0.5ならバルブがあるために、実際の流路面積の1/2の断面積相当になっていることを意味する。

　これを改善するためにバルブシートの形状を変えたり、シートの周りの燃焼室の壁面を削ったりすることがある。この部分はメーカーで十分に計算をし実験を重ねて決定した形状であるので、手を加えても劇的な効果は少ないと考えられる。しかし、バルブのサイズを大きくしたり、コストとの妥協でシリンダーヘッドの細かいところの加工を省いてある場合には、チューニング要素となる。

　バルブシートはシート面だけではなくその前後の形状が、吸気や排気の流れに影響することは、これまでにも述べてきた。まず、吸気の場合はマニホールドの中を勢いよく流れてきた新気がバルブ部分で大きく曲がり、しかもポートの真ん中にバルブステムがあって流れを乱している。そして、流れはポートからバルブの傘部に広がり、シリンダーへと拡張する。このときの流れの抵抗をいかにして少なくするかを考えながら、自分なりに再設計をする。

　基本的には急激な曲がりや膨張を避けることである。例えば、図1のようにバルブスロート部の断面積を大きくしよう

図1　実質的なバルブスロート径の縮小

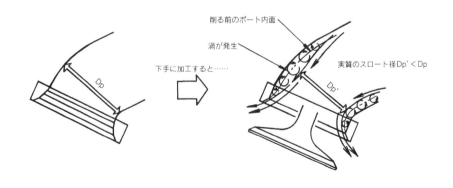

として、シートの二番角やそれに続くテーパー部分を削り取ったとする。確かに見かけ上の流路断面積は拡大されるが、流線は乱され有効な面積はかえって減少してしまう。

バルブステムの後端や燃焼室容積は変化するが、バルブの位置をごくわずか追い込んで、図2のように皿取りをすると吸気は流れやすくなる。また、バルブの傘の周りの燃焼室壁の一部をグラインダーで慎重に削って、吸気がシリンダー内にスムーズに流入するようにすると効果がある。私の経験では、バルブの傘の周りの空間形状が流量係数に与える影響は大きかった。

例えば、図3のようにバルブシートを圧入するだけの加工しか施されていないヘッドでは、シリンダーからはみ出さない範囲で滑らかにグラインドすると流量係数は必ず改善される。しかし、あまり削ると圧縮比が低下するので、最小限にとどめておく。また、各シリンダー間でばらつきがないように、テンプレートを作ってそれを当て加工するのがよい。

燃焼室の表面に細かい鋳肌の凸凹がある場合には、ついでにこれも削り落としてつるつるにすると、カーボンが堆積しにくく耐ノッキング性が向上する。ヘッド側の燃焼室の容積を測定するときは、バルブを組み付けたヘッドを裏返して水平に置き、ビューレットで計りながら一杯になるまで液体（軽油、ミネラルターペンなど）を満たせばよい。

もし、燃焼室の容積が大きくなり過ぎていたら、バルブがジャンプやバウンスをしてもピストンに干渉しない範囲でヘッドの底面を研削して、ボリューム合わせを行う。最後にヘッドを洗浄して、切り粉などをていねいに取り除くことが大切である。

図2　皿取り加工による吸排気効率の改善

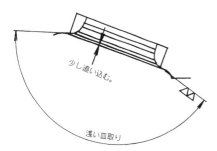

図3　バルブシート周りの加工による流量係数の改善

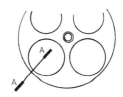

バルブをステム径の大きなものと交換した

運転中にバルブが切損すると、まず100%エンジンが破損する。バルブの傘部がピストンと激突し、さらにバルブの破片がピストンと燃焼室との間に挟まれると、シリンダーヘッドまでも壊してしまう。場合によってはコネクティングロッドも曲がるし、ピストンの破片がクランクケースの中を飛び回って、被害はさらに拡大する。チューニングにより高速回転化を図ると、バルブの強化も必要になってくる。そこで、ステム径の大きなバルブを探し、その傘部を加工し直して使用することもある。だが、これには危険も伴うので慎重な判断の下で行わなければならない。

バルブのステム部にごく小さい傷があっても、ここを起点として疲労破壊を起こす。それで、バルブステムにマークなどは決して入れられてはいない。つぎに、傘部とステムの中心線が正しく直角になっていないと、気密が保たれないだけでなく、着座のたびにバルブの首の部分に曲げモーメントが働いて、ここから切れることがある。また、ステムの端部のコレット溝にも注意が必要である。溝にコレットがぴったりと合い、2つのコレットの間にわずかの隙間を残して両側からステムを抱くように締めつけていなくてはならない。バルブの切損しやすい部位は細くなっていて応力の集中するコレット溝と、首の部分である。稀ではあるが、傘部とステムとの溶接が悪いと、これが原因で折れることもある。

ステムとバルブガイドとの隙間はステ

図1　太いステム径のバルブに交換時の11のチェックポイント

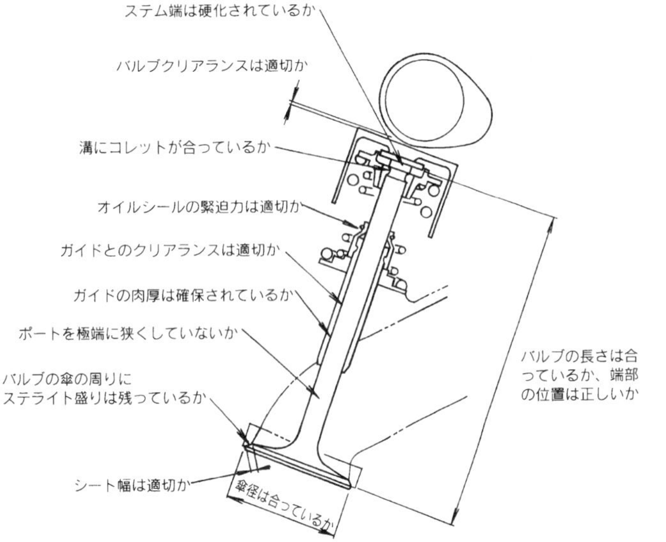

- ステム端は硬化されているか
- バルブクリアランスは適切か
- 溝にコレットが合っているか
- オイルシールの緊迫力は適切か
- ガイドとのクリアランスは適切か
- ガイドの肉厚は確保されているか
- ポートを極端に狭くしていないか
- バルブの傘の周りにステライト盛りは残っているか
- シート幅は適切か
- 傘径は合っているか
- バルブの長さは合っているか、端部の位置は正しいか

ム径にもよるが吸気が20μm、排気はこれより若干大きめの25μm程度がのぞましい。隙間が大きすぎるとがたつくだけでなく、ステムからガイドへの放熱が悪くなる。バルブが受けた熱の大部分はバルブシートとガイドから、ウォータージャケットへと捨てられているので、ガイドとの相性は大切である。

つぎが、ステムとオイルシールとの関係である。オイルシールはバルブステムに付着したオイルをしごき落として、ガイドとの隙間に入る量を調整している。オイルが入りすぎるとこれが燃えて白煙の原因になるし、少ないと焼き付きが発生する。リップシールがステムによってわずかに広げられていることが、ひとつの目安になる。

また、オイルシールは、バルブガイドの上端に被せて圧入してある。バルブをガイドから抜くとき少なからずオイルシールのリップを傷つけているから、バルブを組み込むときには、これも交換するのがのぞましい。

また、ステムの径を1mmも大きくするようであれば、バルブガイドの肉厚が薄くなりすぎることもある。この場合にはガイドもその分太くした方がよい。ガイドをヘッドから抜き穴を大きく再加工して、太いガイドを焼き嵌めか冷し嵌めする。ヘッドを100℃程度に温めたり、ガイドを液体窒素やアルコール冷媒のドライアイスで冷やせば、簡単に装着することができる。また、バルブガイドが磨耗した場合はこれをリーマーで修正し、オーバーサイズのステムのバルブを用いることもある。このときにも、前述のバルブ隙間とオイルシールの締め具合を守ることが必要である。いずれの場合もバルブを交換しているので、バルブの擦り合わせを行うことが必要である。

図2 バルブオイルシールの構造

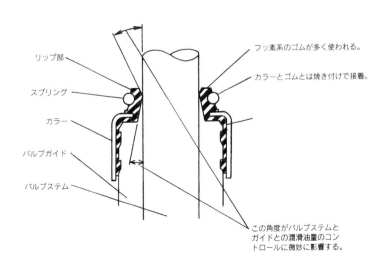

エアホーンを取り付けた

　電子制御式の燃料噴射システム用の吸気マニホールドは、シリンダーごとにブランチがある独立型が一般的である。そのブランチの上流はコレクターに開口している。前にも述べたが、コレクターにより容易に中低速トルクに味付けをすることができるため、実用エンジンでは必ずこれに相当する部分がある。

　また、ターボエンジンではコレクターを欠かすことはできない。だが、アルミ鋳物製のコレクターの中にエアホーンを創成するのはコストがかさむので、壁面にアールをつけて空気が流れ込みやすくする程度である。一方、NAのレーシングエンジンでは、独立したブランチの先端にエアホーンを付け、エアチャンバーから直接空気を吸い込むようになっている。拙著「レーシングエンジンの徹底研究」にあるように、私はターボ仕様のレーシングエンジンでもコレクターの中にエアホーンを装着していた。これは、トルク特性を改善するのに有利だからである。

　図1はレース用にチューニングした吸気系の例である。NA仕様ならば、エアチャンバーを二分割すれば容易にエアホーンを取り付けることができる。鋳物製の場合は設計して作り替えるか、一旦分割してエアホーンを溶接で取り付け、最後に分割部を溶接する。このとき、エアホーンの先端と対向する壁面との間の距離は少なくとも、エアホーン先端の直径の1/2くらいはほしい。また、流線を乱さないように、その先端部には比較的大

図1　各ブランチにエアホーンを取り付けた吸気系

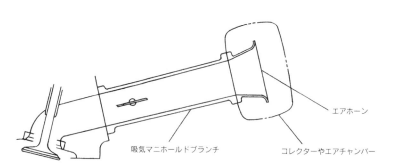

きなアール（例えば7R）をつけることが大切である。

　エアホーンにはテーパーが必要である。ストレートなら単にブランチを伸ばしただけの効果であり、おそらくトルクのピーク点が低速側に移り、高速トルクが犠牲になるだけのことであろう。ところが、テーパーがあると図2のように、ブランチの長さが無限に多段化したような効果がでる。吸気の慣性効果は開放端とピストンが上死点にあるときの冠面との間の距離によって影響される気柱の弾性振動現象である。したがって、この距離が一定なら共振が顕著になるエンジン回転数は決まってしまう。ところが、開放端が無限に存在すれば、図中のLが連続的に変化すると考えることができる。すなわち、共振が起こる回転数が一点ではなく、その前後に広がることになる。慣性効果についてはまだ十分に解明され ているとはいえ、私の研究室では卒業研究のテーマに取り上げ実験と理論解析を進めている。

　エアホーンによるトルク改善は可変吸気管長システムには及ばないが、似た効果が得られる。もちろん、可変吸気管長システムにもエアホーンを取り付け、相乗効果を期待するのが一般的である。エアホーンには空気を吸い込むときの整流作用があるので、この効果も大きい。エアホーンを装着すると定性的には図3のように、低速時にはほとんど効果はないが、トルクバンドを広くすることができる。エアホーンを短くすれば高速側が、長くすれば中速トルクが改善される。エアホーンを装着するとメリットは必ず得られるはずである。だが、テーパーはあまりつけすぎないようにし（例えば20°以内）、ブランチとのつなぎ目に段がつかないように気をつけることが大切である。

図2　エアホーンの効果の考え方

図3　エアホーンによるトルク改善効果

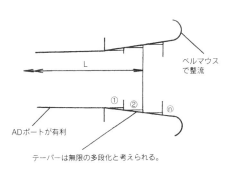

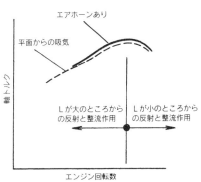

エアチャンバーの形状を変えた

　NAエンジンに独立型のブランチだけの吸気マニホールドを装着した場合は、前項のエアホーンとエアチャンバーが必要になる。ノンターボのF1、フォーミュラニッポン（旧F3000）やスポーツプロトタイプ（旧Cカー）のような本格的なレーシングカー用のエンジンにはコレクターは使われない。しかし、コレクターは中低速トルクの味付けには便利である。また、実用車、レーシングカーを問わず、ターボエンジンにはコレクターは必須である。これは、ターボで加圧された空気を各シリンダーに分配するとき、一瞬貯留する容積が必要となるからである。だが、最高出力を上げることに関しては、まず無用の長物である。

　もし、本格的なNAのレーシングエンジンやコレクターのついた電子制御式燃料噴射装置用のマニホールドを改造してサーキット走行の際に、エアチャンバーは大きなチューニング要素となる。エアチャンバーは図1のように、その上流にはスロットルもターボもない。したがって、静的に考えればチャンバーには負圧も正圧もほとんどかからないはずである。その中の圧力は平均すると大気圧近くなるはずであるが、動的にあるいは時間的にみるとかなりの圧力の変動がある。この圧力の変化をうまく活用すれば、充填効率を上げ出力を増大させることができる。

　私は、NAのスポーツプロトタイプカーで、エアチャンバーの中の大きな圧力変動とそれによるメリットとデメリット

図1　エアチャンバー（エアスクープ）の例

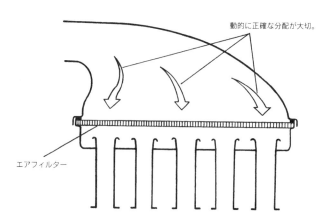

を体験し、エアチャンバーの形状には敏感になってしまった。

　空気量を制限するためのオリフィスの装着を義務づけられているレーシングカーでも、エアチャンバーの中では想像を絶する気圧の変動と定在波（スタンディングウェーブ）が存在している。また、マシンの走行によって動圧も加わる。あるシリンダーが吸入行程のときチャンバー内の圧力が高ければ、そのシリンダーは空気を余計に吸い込むことになる。これはパワーを絞り出すのに好都合のように思えるが、決してそうではない。供給される燃料の量はすべてのシリンダーで一様であるから、余計に吸い込んだシリンダーの空燃比は薄くなってしまう。また、その反動として、どこかのシリンダーが吸入するときチャンバー内の圧力が低ければ、このシリンダーは濃くなってしまうことになる。

　つぎに、エアチャンバーの中に定在波が発生している場合には、その波の腹となる部分から吸入するシリンダーに空気は余計に入る。当然、節となるところにエアホーンが開口したシリンダーに吸入される空気の密度は小さくなっている。このような現象はエンジンの回転数によって変化するから、始末が悪い。

　エアチャンバーの設計にはまだ王道はないようであるが、ステルス爆撃機を思い浮かべながらできるだけ対向面を減らすのがよいようである。そして、流線がスムーズに各エアホーンにつながるようにする。

　また、容積は排気量の3倍以上はほしい。無難な考えは無限平面から吸入するようにすることであるが、その反面、積極的に正圧を利用してパワーアップを図れなくなる。いずれにしても、根気よく形状をトリミングしていくのがよい。

図2　エアチャンバー内後端部の圧力変動

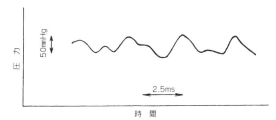

図3　定在波による空気の分配の影響

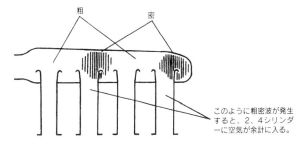

スロットルチャンバーを口径の大きなものと交換した

スロットルの径を大きくすると吸入抵抗が減って、空気をさらに多く吸い込めそうな気がする。だが、スロットルだけを大きくしても運転性が阻害されるだけのことが多い。ガソリンエンジンやガスエンジンは、吸入空気の量を加減して出力を制御している。余談だが、ディーゼルエンジンは燃料の噴射量のみで出力を調節できるので、一般にスロットルは必要ない。火花点火エンジンでは部分負荷やアイドリング時のように出力を絞るときにはスロットルが必要だが、フルパワーのときにはこれが邪魔になる。スロットルが全開でもシャフトが空気の流れの抵抗になる。だが、実用エンジンではその抵抗を見込んだ必要最低限のスロットル径としているので、とりわけ大きくし

ても出力は増大しない。

スロットル径や全閉角が大きいと図1のようにアクセルを少し開いたとき、すなわち低速時の流路面積の変化が大きくなり、エンジンのパワーのコントロールが難しくなる。ところが、吸排気バルブやマニホールドのブランチ径を大きくしたりバルブタイミングを高速仕様にしたときには、従来のスロットル径では、これが抵抗になる場合がある。スロットル以降の空気流に対する抵抗が減ると、相対的にこれの抵抗が問題になってくる。このような場合以外にはスロットル径を大きくするべきではない。

熟練者がサーキット走行するとき、ざっと50%がフルスロットルである。そして、よほど高速サーキットでない限り、

図1　スロットルバルブの取り付け角の影響

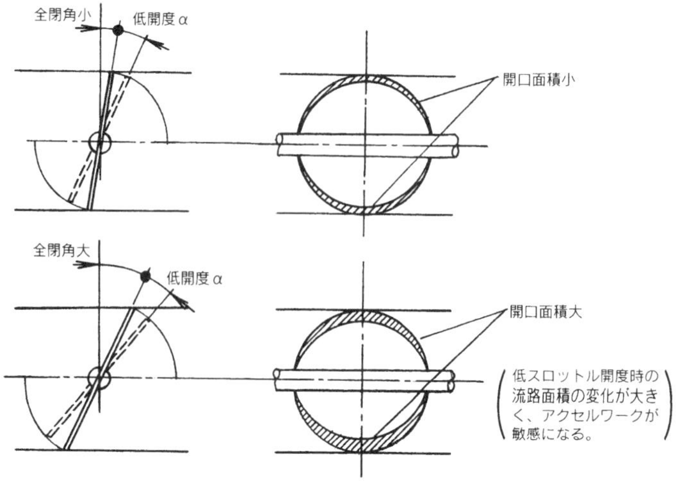

その間に最高出力を発生させる回転数に達するのはほんの瞬間である。だが、その回転数に達するはるか手前からスロットルが邪魔になることがある。図2のようにAより回転数が低いときには、1/4開度でもフルスロットルでも同じトルクが得られている。すなわち、1/4開度のときの流路面積があれば十分である。ところが、最大トルク点よりかなり低い回転域からスロットルが全開でなければ、上限のトルクは得られないことが分かる。ここで、もし排気量を増やしたり吸排気系などのチューニングをした場合には、スロットル径を大きくすることにより、高出力化を図ることができる。ただし、高回転化やピストンに加わるガス力が大きくなるので、その対策が完璧であることが前提になる。

要求されるスロットル径は各シリンダー当たりの排気量の平方根に比例する。また、排気量が同じでも、吸入する空気量の平方根に比例して大きくする。これは、スロットル全開時の流路面積が直径の二乗に比例するからである。一般に、同じ排気量でもシリンダー数が多くなると、連続流に近くなるので、要求スロットル径は小さくなる。

図3のようにスロットル径を大きくしていったとき、最大出力はある径から一定となる。そのパワーが得られる最小の径が、最適のスロットル径である。この径のスロットルチャンバーに替えるとき、注意するのはアクセルが低開度のときの流路面積の微妙な制御特性である。そのためには、できる限り図1のαを小さくすることである。だが、アイドルストッパーの位置が狂うと、スロットルプレートの端がチャンバーの内面に食い込むので、全閉位置の調整を確実に行うことが大切である。

図2 スロットルが抵抗になるエンジン運転領域　　図3 出力重視のスロットル径の決め方

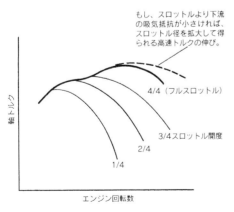
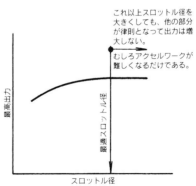

エアクリーナーを改造した

　エアクリーナーのエレメント（濾材）の抵抗は、必ず吸入効率を低下させる。エレメントを通過する際の圧力損失に比例して空気密度が小さくなるので、その分充填効率が下がるからである。当然、エレメントの目は小さい方が濾過性能は高いが、通気抵抗は大きくなる。そこで、エアクリーナーを改造して吸気抵抗を減らしたくなる。濾過抵抗を減らすためには、空気の通過面積を増やさなければならない。すなわち、エレメントの目を粗くするか、濾過面積を増やすことになる。実用車の場合エアクリーナーは、エンジンの耐久性や吸気音の低減のために重要な部品である。また、これがないと吸い込んだ埃や異物がピストンリングで掻き落とされ、エンジンオイルの汚れがひどくなる。そして、吸気音を小さくするためには、エアクリーナーの容積が必要でありかさばってしまう。そのため、実用車ではエアクリーナーをエンジンルームの隅に置き、ライトの横あたりから長いダクトで冷たい空気を導くようにレイアウトされたものが多い。

　もし、エンジンルームのスペースが許すなら、同じメッシュのエレメントでも空気の濾過面積の大きなものが使えるように改造するのがよい。吸気系やバルブタイミングをチューニングして、吸入空気量を増やそうとしてもエアクリーナーがそのままだと片手落ちになる。空気の吸い込み口とエアクリーナーまでのダクトおよびエレメントの抵抗は小さいほどよいが、当然限度がある。それでも、最

図1　エアクリーナー・エレメントの抵抗による充填効率の低下

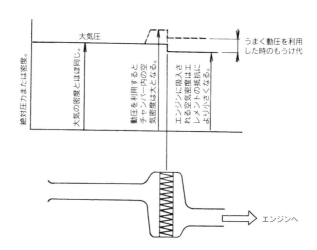

大の吸入空気量のところで20mmHgに抑えておきたい。これでも大雑把には20/760＝0.026、すなわち2.6％ほど密度が小さい空気がエンジンに供給されることになる。逆をいえば、この圧力損失がなければ、図示馬力は2.6％大きくなる。フリクションロスが同じなら、正味馬力（軸出力）はもっと改善されることになる。この損失を他でカバーしようとすれば、大変な努力とコストが必要である。

もし、埃の少ないサーキット走行だけに使用するのなら、吸気音は関係がないから、エアクリーナーを大きくするよりエレメントの目の大きなものにするのがよい。スポーツ走行用のエレメントや、前後の圧力差で変形しない強度を確保した連続気泡の発泡ウレタンなどのエレメントを使う。エアホーンの先に半球状の金網だけのエアフィルターを装着したものもあるが、大きな異物の吸い込みを防止するとともにフレームアレスター（消炎装置）としての効果もある。空吹かしなどをしたとき、一瞬空燃比が薄くなって逆火（バックファイア）が起こっても、ここで火を防ぐこともできる。

可能ならエアボックスの中にエレメントを内蔵したものに改造すれば、動圧を利用しながら濾過面積を拡大することができる。エアクリーナーを改造するとき特に気をつけることは、エレメントの周囲がケースに密着するようにするとともに、エレメント以降のダーティサイドの気密である。エレメントを水平に配置したレーシングカーで、メカニックがエレメントを清掃しようとして周囲に溜った異物をエアクリーナーのロワケースに落とし込み、エンジンをブローさせた経験がある。それ以来、火事場のような環境でも、ミス整備をしないように特に配慮して設計するようになった。

図2　エアクリーナー・エレメントの濾過面積増大の効果　　図3　異物除去を目的とした金網製のエアクリーナーの例

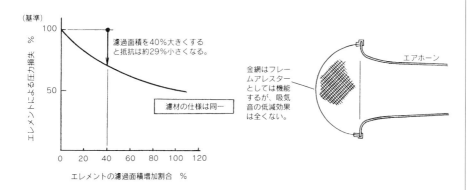

フライホイールを薄くした

　実用エンジンのフライホイールは見た目にも厚く、一般に鋳鉄製で周りにリングギアが焼き嵌めされていて、どっしりと重い。本当にこれだけの重さが必要かと疑問を感じる方も多いと思う。

　アイドリングの回転を少し高めにセットしたチューンナップエンジンには、このような慣性モーメントの大きなフライホイールは不必要である。むしろ、レスポンスの邪魔になる。だからといって、すぐに旋盤で削って薄くするのは危険である。だが、チューンナップ用のスティール製のフライホイールにするのならまず無難であろう。

　エンジンは膨張行程のところで力（トルク）を発生させ、その他の行程では力を消費している。4シリンダー以上の4サイクルエンジンなら、必ずどこかのシリンダーが膨張行程であり、互いに力を融通し合えばよさそうである。だが、膨張行程でもクランクシャフトを回転させようとする力は図1のように刻々変化している。これに追随してクランクが回転したら、自動車はぎくしゃくと振動しながら動くことになる。質量mに力Fが加わると、力の方向に加速度aで動く。これと同じように角速度ωで回転している回転体にトルクTが働くと、このTによって回転は角加速度$d\omega/dt = T/I$で変化する。このIを回転慣性モーメント（あるいは極慣性モーメントなど）と呼び、回転速度の変化はIに逆比例する。フライホイールのIにより、トルク変動を吸収し回転速度を平滑化する。

図1　4シリンダーエンジンのトルク変動状態

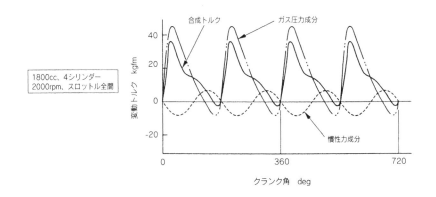

102

回転慣性モーメントIは質量と中心からそこまでの距離rの二乗との積 $I = mr^2$ である。すなわち、同じ質量ならば、回転の中心から離れたところにある方がIは大きくなる。そこで、図2のようにフライホイールは縁のほうが厚くなっている。Iや速度変動率 δ（ $= \Delta\omega/\omega$ ）の求め方については拙著「乗用車用ガソリンエンジン入門」をご参照いただくとして、δ はIに逆比例する。一般の乗用車ではアイドリングや低速時でも δ が1/75〜1/25になるようにIは設定されている。もし、$\Delta\omega$ が一定でも回転数 ω が大きければ、δ は相対的に小さくなる。エンジンの運転条件の中でもっとも回転数が低いアイドリング速度を上げるか、多少のぎくしゃく感を我慢するのなら、フライホイールの軽量化は可能である。軽量化だけが目的ならば、中心に近いところを削ったほうがIの変化は少なくてすむ。

だが、ギアが1速や2速に入っているときには、マシンを加速するのに匹敵するトルクがフライホイールを含むエンジンの慣性に打ち勝って回転数を上げるのに使われる。また逆にエンジンブレーキ時にはこの回転エネルギーが放出されて、回転の落ちを緩やかにしようとする。

もし、エンジンのレスポンスの改善が目的ならば、フライホイールの縁に近い部分を削った方が効果は大きい。だが、フライホイールにはクラッチカバーと一緒になってクラッチディスクに摩擦により、エンジンのトルクを伝達する役目がある。もし、削りすぎてフライホイールの面剛性が不足すると、クラッチディスクと均一に接しなくなり片当たりが生ずることがある。このような場合は、クラッチジャダーが発生してクラッチミートが難しくなり、またクラッチの滑りの原因ともなる。

図2　鋳鉄製フライホイールの軽量化時の注意

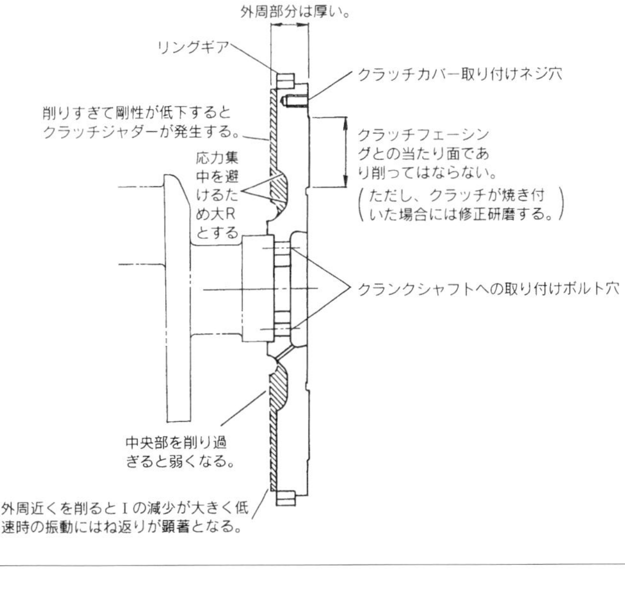

外周部分は厚い。

リングギア

削りすぎて剛性が低下するとクラッチジャダーが発生する。

応力集中を避けるため大Rとする

クラッチカバー取り付けネジ穴

クラッチフェーシングとの当たり面であり削ってはならない。（ただし、クラッチが焼き付いた場合には修正研磨する。）

クランクシャフトへの取り付けボルト穴

中央部を削り過ぎると弱くなる。

外周近くを削るとIの減少が大きく低速時の振動にはね返りが顕著となる。

スプリングの強いクラッチカバーに交換した

エンジンと変速機との間にはクラッチがあり、動力の断続を行っている。内燃機関は電気モーターや外燃機関のように自力でスタートすることができない。したがって、他に対して仕事をしていないときでも、アイドリング回転をしながら次の出番に待機することが必要になる。クラッチは回転しているエンジンから、回転していない変速機のインプットシャフトへ滑りによって回転速度差を吸収しながら、動力を伝達したり、変速の際一旦動力の伝達を切ってギアの切替えを容易にする伝動系の主要部品である。クラッチの分類としては流体や電磁式もあるが、ここではマニュアルトランスミッションを備えた乗用車用の乾式単板クラッチについて説明する。

この方式のクラッチの模式的な構造と作動原理を図1に示す。前項で述べたエンジンのフライホイールにクラッチカバーがボルトによって固定されている。クラッチカバーの主要な構成要素は板金製のカバーとプレッシャープレートとダイアフラムスプリングとその支点である。フライホイールとプレッシャープレートとの間にはクラッチディスクが挟み込まれている。その挟み込む力はダイアフラムスプリングが発生し、クラッチディスクを大きな面圧で両側から圧している。クラッチペダルを踏むと、レリーズベアリングがダイアフラムスプリングの中心部をエンジン側に押すことになる。すると、クラッチディスクを挟み込む力が小さくなり、また完全にプレッシャープレ

図1　ダイアフラムクラッチの構造と作動原理（模式図）

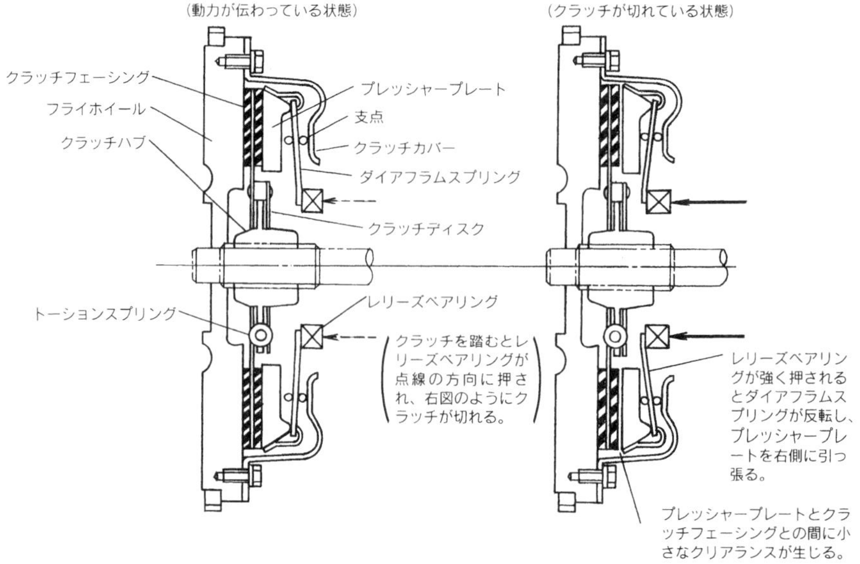

（動力が伝わっている状態）

クラッチフェーシング
フライホイール
クラッチハブ
プレッシャープレート
支点
クラッチカバー
ダイアフラムスプリング
クラッチディスク
トーションスプリング
レリーズベアリング

クラッチを踏むとレリーズベアリングが点線の方向に押され、右図のようにクラッチが切れる。

（クラッチが切れている状態）

レリーズベアリングが強く押されるとダイアフラムスプリングが反転し、プレッシャープレートを右側に引っ張る。

プレッシャープレートとクラッチフェーシングとの間に小さなクリアランスが生じる。

ートをクラッチディスクから離して面圧をゼロにする。

これから分かるように、クラッチが伝達できるトルクは、ディスクとフライホイールおよびプレッシャープレートとの摩擦係数と挟み込む力の積に比例する。もし、エンジンをチューニングしてトルクが大きくなれば、クラッチの伝達トルクが心配になる。許容伝達トルクを越せば、クラッチは滑りだすことになる。一般にクラッチはエンジンが発生する最大トルクの1.8倍程度のトルクが限度になるように設計されている。

この余裕が大きければ、クラッチをミートするときトルクが急に伝わったり、エンジンストップが発生しやすく、発進が難しくなる。もちろん、この値より小さければ、変速したときのショック的な入力で滑りが発生する。

チューニングによって増大したトルクに応じて、クラッチは強化すべきである。フライホイールの外径は変えられないので、スプリングの強いクラッチカバーおよびそれに対応したディスクに交換することになる。フライホイールが強化したスプリングに耐えられるか、ディスクの当たり面は正常であるかをよく検討することが必要である。

面振れや焼けたような跡があったり、磨耗しているようなら専門の工場で再加工してもらう。その際、動バランスをとるのを怠ってはならない。なお、フライホイールやクラッチで怖いのは大きな空吹かしをしたときのスピン破壊である。また、スプリングが強くなれば、当然レリースに必要なペダル踏力も大きくなるが、オペレーティングシリンダーの径を変えるほどのことはない。ただし、ワイヤー式の場合はケーブルを少し太くした方が安全である。

図2 ダイアフラムスプリング　　　　図3 ダイアフラムスプリングの特性

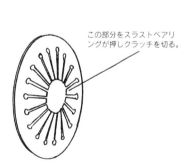

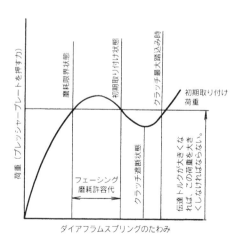

吸気マニホールドの長さを変えた

　吸気系と排気系およびバルブタイミングは、エンジンのトルク特性の味付けに欠かすことのできないチューニング要素である。単車のようにキャブレター仕様でも、電子制御式燃料噴射装置を装着した独立ブランチ型の吸気マニホールドでも、その長さがトルク特性に与える影響は定性的には同じである。マニホールドが長くなると中低速トルクが改善され、短くなると最大トルクを発生する回転数は高速側に移動する（図1）。もし、吸気が助走する区間が全くない無限平面から、吸気バルブが開いて混合気を吸入したとする。吸気バルブに抵抗がなければ、図示トルクは図2の点線のように一定となるはずである。ここで、空燃比や燃焼特性は変わらないものとする。ところが、フリクションは回転数のほぼ1.5乗に比例して増大するから、摩擦トルクは細線のようになる。この点線と細線の差が軸トルクすなわち正味トルクとなり、右下がりの曲線となる。

　ところが、現実のエンジンではトルク特性は上に凸のカーブとなっている。これは、吸気や排気の慣性によりシリンダーに入る新気の重量が変化するからである。この慣性効果をうまく利用すると100％以上の体積効率を得ることができる。吸気の慣性効果は空気が可圧縮性流体であるから起こる現象である。図3のような簡単な吸気系を考える。吸気バルブが開いてピストンが下降すると、シリンダー内に負圧が発生する。その情報は吸気管の中を音速で伝わり、それっとば

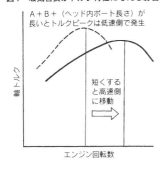

図1　吸気管長がトルク特性に与える影響

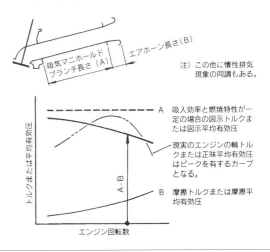

図2　慣性吸排気現象の活用によるエンジン特性の味付け

かり管内の空気はシリンダーへと殺到する。ところが、ピストンが下死点を過ぎても吸気バルブが開いていると、空気の動く慣性でシリンダー内の圧力が大気圧より高くなることがある。当然バルブがいつまでも開いていると、せっかく入ったシリンダー内の空気が逆流するが、圧力がピークになったときにバルブが閉まれば、ピストンが移動して変化する容積以上の空気を吸い込むことになる。ここで、説明のため空気を例にとったが混合気でもまったく同じである。

吸気管が長くなれば空気の助走距離が延び、それだけ勢いがつく。しかし、管内を走り抜ける時間も長くなる。すなわち、吸気行程の時間が長い低速で慣性効果が顕著になる。余計に空気が入ればそれに応じ多く燃料を燃やすことができるから、ピストンに加わるガス圧は高くなり、トルクが大きくなる。その反動として、高速時にはまだ吸気が助走中に吸気バルブが閉まってしまうので、十分に空気を吸い込むことはできなくなる。マニホールドの径を細くしても同様な現象が起こる。これは抵抗によって空気が一旦バネのように引き伸ばされてから、勢いよく加速するからとも考えられる。逆にマニホールドを短くすると、慣性効果は一回の吸い込み時間が短い高速時に同調することになる。高速トルクが改善され最高出力は大きくなるが、低速トルクを犠牲にするのを避けることはできない。実際の吸気系では、コレクター部分やそれ以前のダクトの中での空気の運動の影響がある。これと同様な現象が排気系でも起こっており、完全に排気されて残留ガスがなくなる回転数もある。これが排気の慣性効果である。この二つをほぼ同じ回転数に同調させると、トルクを著しく改善できるが、はね返りも大きい。

図3　慣性過給の原理

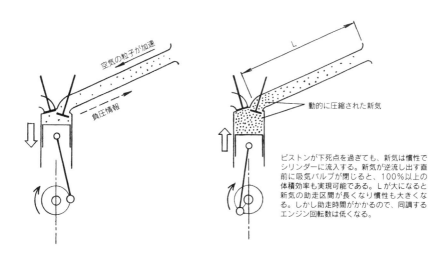

ピストンが下死点を過ぎても、新気は慣性でシリンダーに流入する。新気が逆流し出す直前に吸気バルブが閉じると、100%以上の体積効率も実現可能である。Lが大になると新気の助走区間が長くなり慣性も大きくなる。しかし助走時間がかかるので、同調するエンジン回転数は低くなる。

板金製の吸気マニホールドにした

アルミの板金製の吸気マニホールドは軽く内面が平滑であるので、レーシングエンジンでは常識になっている。また、図1のようにコレクターも板金製としてブランチ部とゴムのチューブでつなぐようにすれば、サーキットに応じてマニホールドの長さを変えることもできる。これによって、前項で説明した吸気の慣性効果を得る回転数を好きなところにセッティングが可能である。また、単車の独立キャブレター用や独立ブランチだけのマニホールドならば比較的簡単に手作りできるが、コレクターのついたものとなると、かなりの技術を要する。また、ポイントを抑えないと、大きなトラブルを起こすので手作りするときは定石を守っていただきたい。

ブランチ部を作るのにちょうど合うアルミ製のパイプがないときには、アルミの薄板を巻いてブランチ部を創成することになる。板材を金属の棒や肉厚の厚いパイプに巻き付けるようにしながら、根気よくたたいて丸く成形してアルミ溶接を行う。このとき、内面に溶接のビードが出ないように気をつける。板材から作るときにはブランチ部をテーパーさせ、次項で説明するようなADポートとすることもできる。もし、このパイプにアールが必要なときには中に砂を詰めて、曲率とパイプ径が合うベンダーで曲げる。この場合、テーパー管を曲げるのはかなり難しい。つぎに、シリンダーヘッドに取り付けるためのフランジとの接合であるが、図2のように少し差し込んで周り

図1 板金製の二分割型吸気マニホールド

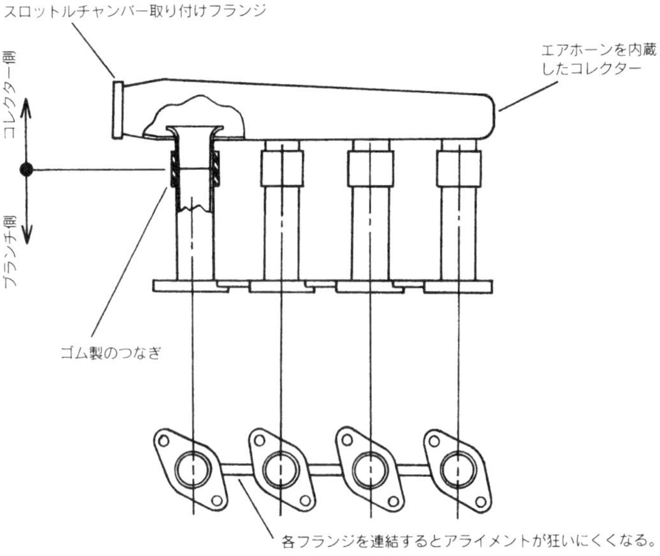

スロットルチャンバー取り付けフランジ

エアホーンを内蔵したコレクター

コレクター長

ブランチ長

ゴム製のつなぎ

各フランジを連結するとアライメントが狂いにくくなる。

を溶接する。また、フランジは剛性を確保するのに必要な厚さとし、各ポートのフランジをつなげてヘッドとの合わせ面のアライメントが狂わないようにすれば、エア漏れに悩まされなくてすむ。

つぎに大切なのは、インジェクターの取り付けボスである。これは、オリジナルのマニホールドとまったく同じ位置、角度を忠実にコピーするのがよい。インジェクターの取り付け部分については、メーカーが多角的に実験を行って求めたノウハウが込められている。噴射方向が少しでも異なると、エンジンの性能が大きく変わることが多い。また、ブランチの長さは、前項のようにトルク特性に大きく影響する。最高回転数が9000rpmを越える高速エンジンならば、ブランチの長さを20mmも変えれば顕著な効果が現れる。逆に、回転数が低い場合には、もっと大きく長さを変える必要がある。なお、ブランチの長さの工学的な解析については、拙著「レース用NAエンジン」をご参照いただきたい。

複雑化した最近のエンジンでは、吸気マニホールドが二分割されているものが多い。分割しないと整備ができなかったり、鋳造を容易にするなどの理由によるものである。これをうまく利用してシリンダーヘッド近くにインジェクターボスのついた部分をそのまま使って、その上部を板金製にするのもよい。吸気マニホールドに発生する最大のトラブルは折損、亀裂や取り付け面からのエア漏れである。マニホールドの付け根には大きな曲げモーメントが加わる。また、振動による応力は回転数の二乗に比例して増大する。チューニングによって高速回転で使用される機会が増える場合には、あらかじめステー（突っ張り）を入れたり、パッチを当てておくとよい。

図2　板金製吸気マニホールドの構造例

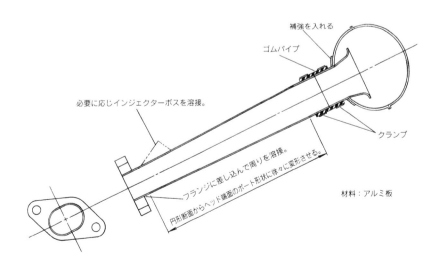

吸気マニホールドからヘッドのポートにかけて徐々に細くした

　以前、排気対策技術の開発をしていたとき、排気の清浄化と出力の両立に悩んでいた。そのとき、吸気ポートをバルブスロートからシリンダーヘッドの端面に向かって徐々に太くしてみたところ、中低速トルクが明らかに改善された。そこで、マニホールドの上流からテーパーをつけると、さらに効果は大きくなった。実はその前にもEGR（NOx対策のひとつで、排気還流）システムを開発中に臨界圧にならなくても流量が頭打ちになる現象を発見し、そのオリフィスの形状で特許を取ったことがある。当時、流体力学に詳しい人にその謎を聞いてみたが、明快な回答は得られなかった。この経験があったのであまり詮索をせずに、このポートをADポート（Aero Dynamic Port）と名付け、よく理論が分からないままレース用のエンジンに使用し実績を積むことにした。

　このADポートはターボ、NAを問わず効果がある。だが、そのテーパーの付け方にノウハウがあり、吸気バルブに近いヘッドの中やマニホールドの付け根の部分のテーパーは緩くする（例えば3°～5°）。また、エアホーンあるいはコレクターに近いところはもっと強くしてもよい。だが、このADポートの最大の欠点は吸気マニホールドのブランチの中に、バタフライ型のスロットルバルブを入れられないことである。バタフライバルブを装着するためには、内面を機械加工した平行部が必要である。もし、ロータリー式のスロットルバルブならば同じテーパーで

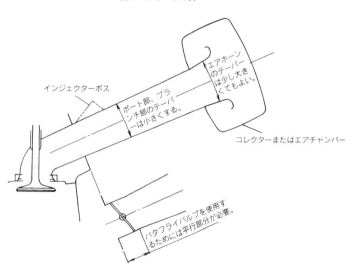

図1　ADポートの例

絞っていくことができる。

　アルミ鋳物製の実用エンジンの吸気マニホールドでも、テーパーのついたものもある。もし、それが二分割型ならば分解してテーパーを測定してみるとよい。そして、そのテーパーが適切な絞り角度であるなら、ポートの内面を滑らかにグラインドする。ヘッド側のポートとテーパーを連続させるように、型紙などを作って形状にばらつきがないように加工する。なお、ヘッド中のポートの研磨については前述したとおりである。テーパーを急にするといかにも空気を吸い込みやすそうであるが、無限平面から空気の流れを曲げて吸い込む部分ではなく、吸気の慣性効果を得るための道中であるのでこれは逆効果になる。

　ADポートは静的ではなく動的に意味をもっているように思える。そのうちにきちんと解析をしたいが、マニホールドおよびヘッドのポートの中では、吸気がものすごい勢いで往復しながらシリンダーに吸い込まれている。これは実機に透明なマニホールドを取り付けてモータリング運転をし、吸気にトレーサーを入れて高速度撮影により観察すると感覚的にも理解することができる。また、レーザー光のドプラー効果を使った計測器でも、その現象を定量的に測定できる。このポート形状による吸入効率の向上は、バルブに向かって進むときにテーパーによって圧縮されて密度が高くなった空気（混合気）がシリンダーに吸い込まれるからであろう。

　また、その圧縮に使われるエネルギーはバルブから押し戻された逆方向の流れのもつ無駄なエネルギーの有効活用ではないかと考えている。いずれにしても、ADポート化することではね返りなしで、トルク特性を改善できる。

図2　ADポートと慣性吸排気現象の活用によるトルク改善

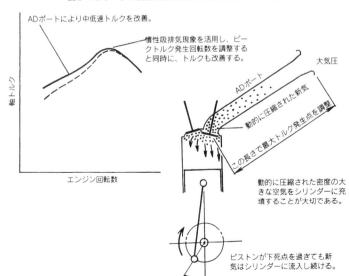

過給圧を上げた

　ターボエンジンでウエストゲートバルブが開く吸気圧を上げて、パワーアップすることはよく使われる手である。ごくわずか（セット圧の誤差範囲）なら過給圧を上げてもはね返りは少ないが、よく検討した上でないときわめて危険である。過給圧を上げるというのは、密度の大きな空気をエンジンに供給して、それだけ余計に燃料を燃焼させることである。これによってピストンに加わるガス圧力は増大し、冷却系の負担も大きくなる。また、圧縮終わりのガスの状態が変わるので燃焼特性にも影響が出る。

　もし、過給圧を$0.5kg/cm^2$（絶対圧では約1.5気圧）から0.2だけ上げて$0.7kg/cm^2$にすると、冷却損失割合が一定なら圧縮終わりの圧力や温度（絶対温度、0℃がほぼ273Kに相当）はざっと0.2/1.5、すなわち13％ほど大となる。熱発生率が同じならピストンに作用するガス圧力もそれだけ大きくなり、ピストンピンやコネクティングロッドの大端部のベアリング荷重も、これに比例して増大する。サイクル当たりに発生する熱量が大きくなれば、それに応じて冷却しないとピストンやシリンダーヘッドなどの材料が熱的に耐えられなくなる。高いガス圧をシールするヘッドガスケットにもしわ寄せがくる。当然、エンジンオイルにもはね返りがある。過給圧を大きくするためには、ピストンやベアリングなどの関連する部品の強度や耐熱性を改善しておくことが前提である。また、ラジエターの放熱能力を大きくするなど、冷却系の改良も合

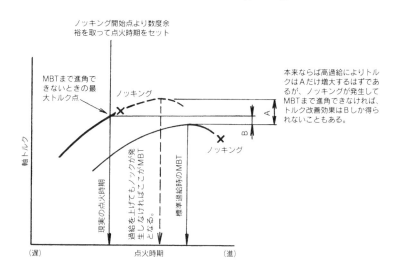

図1　過給圧の上げすぎによるトルク改善効果の減少

わせて行っておくべきである。

エンジンの強度面より心配なのがノッキングである。過給圧を上げると最大トルクを発生する点火時期MBTは遅れる（上死点に近づく）。さらに高くなると、図1のようにここまで点火時期を進めないうちにノッキングが発生する。市販のハイオクタンガソリンでは対応できないことが多い。ノッキングを避けようとして圧縮比を下げると、熱効率が低下し、過給していない領域ではパワーダウンする。膨張比が小さくなれば、排気温度が上昇して排気系の耐久性が問題となる。また、圧縮比を下げれば始動性も悪くなる。このように、ただ圧縮比を上げただけだと、期待したほどパワーアップしないばかりか、思わぬはね返りを伴う場合が多い。その対策として、まずインタークーラーの能力を上げて、エンジンに吸い込まれる空気の温度を低くする。つぎに冷却水の温度を下げることである。これによって圧縮終わりのガス温度を下げ、混合気が一触即発になるのを防ぐ。だが、冷却水温度を低く保つために設定温度が低いサーモスタットを使用しても、ラジエター側の放熱能力が律則となるので注意を要する。

過給圧を上げて本格的にパワーアップを図るためには、総合的なエンジンおよびサブシステムの改良を行うことが必要である。本格的に燃焼面や強度および耐熱面の対策を施したエンジンならば、市販のハイオクタンガソリンを使用しても、$1.2\mathrm{kg/cm^2}$以上の高過給にも耐えられる。私はスポーツプロトタイプカー用のVRH35Zエンジンで、$1.2～2\mathrm{kg/cm^2}$の過給をし7600rpmにおいてリッター当たり240～340psを絞り出していた。きちんとチューニングすれば、ターボマジックを十分に発揮することが可能である。

図2　高過給に伴う問題点と対策の因果関係

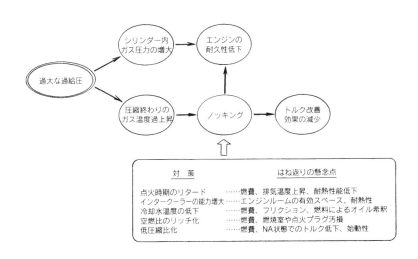

ターボをサイズの大きなものに替えた

　ターボエンジンで最高出力を上げようとしたとき、ターボの能力が限界となる場合がある。このときは、ワンサイズ大きなターボに交換しなければならないが、選定の条件を満たさないと逆効果になりかねない。

　ここで、熱い排気のもつ圧力と流量の積はエネルギーである。この排気エネルギーでタービンを回し、それと同軸のコンプレッサーで空気を圧縮する。余談だが、ターボの正式な呼び名は排気タービン式過給機という。パワーアップを図るためには、より多量の空気を圧縮しエンジンに供給する必要がある。それには、タービンが余分に仕事をしなければならない。ターボを利かせたい運転範囲で、その仕事の源泉となる排気エネルギーが十分であることが絶対的な条件となる。一方、ターボが排気エネルギーを空気の圧縮仕事に変換する効率は、エンジンにくらべターボが大きすぎると低下する。つぎに、ターボの回転部分の慣性（イナーシャ）やフリクションが増えると、回転の上昇には時間がかかる。

　ターボの構造諸元や熱力学的な説明は拙著「乗用車ガソリンエンジン入門」に、また本格的なパワーアップについては「レーシングエンジンの徹底研究」で述べているので割愛し、ここではインタークーラーを装着したターボシステムを図1により簡単に説明する。排気タービンによって回されるコンプレッサーはエアフローメーターで計量された空気を吸い込んで圧縮し、インタークーラーで温度

図1　インタークーラー付き排気ターボシステム

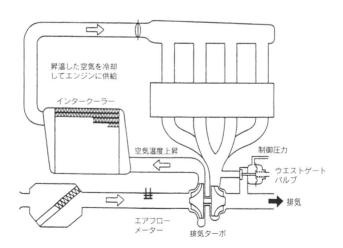

を下げてエンジンに供給する。私は、ターボは空気をエンジンに押し込むのではなく、ただ密度の高い空気をコレクターに供給するだけだと考えている。こう考えた方が吸気の慣性効果との関わりが明確になるからである。

エンジンが要求する空気密度は過給圧（絶対圧）に比例する。このシステムにおいて過給圧が目標値に達すると、ウエストゲートバルブが開いて排気がタービンをバイパスするようになっている。図2のようにフルスロットルでエンジンの回転数を上げていくとき、トルクが急激な上昇からほぼ一定になり出すところをインターセプト点と称している。ここで、ウエストゲートバルブが開いて、排気をバイパスして過給圧がそれ以上増大するのを防いでいる。

インターセプト点より回転が低いところでは、所定の過給圧を得るのには排気の流量が不足している。したがって、ターボのサイズを大きくすると、この回転数はさらに高速側に移行することになる。だが、ターボの能力は増大しているので、排気の流量が増せばそれだけ大量の空気を圧縮できる。すなわち、エンジンにより多量の密度の高い空気の供給が可能となり、高回転側でも大きなトルクを維持できる。もちろん、エンジンが高速回転に耐えられれば、大幅な出力増となる。だが、インターセプト点の高速側への移行とターボの回転慣性の増大により、低速のレスポンスが犠牲になる。そこで、ターボに細工をした可変ノズル式や2段階式などが考えられているが、レースには不向きである。だが、セラミックタービンやボールベアリング式は威力を発揮する。ターボに余裕は禁物で、目標馬力を得られる最低限の大きさのターボに交換するのが現実的である。

図2 ターボの過給特性の軸トルクへの影響

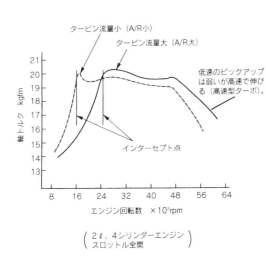

(2ℓ、4シリンダーエンジン スロットル全開)

図3 ターボのA/Rが過給特性に与える影響

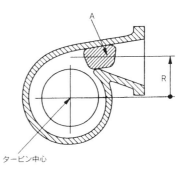

Aが小さいとノズル部の排気流速が大きくなり、また、Rが大きいとタービンを回すトルクアームが大となって、低速時にもコンプレッサーを駆動することができる。しかし、高速時にはAが抵抗となってウエストゲートバルブから逃げる排気流量が大きくなり、タービンの仕事量は減少する。また同一のエンジンでターボを大きくすると低速のレスポンスは悪くなるが、一般に高速時の伸びは改善される。

インタークーラーの能力を上げた

　過給機で空気を断熱圧縮すると温度は上昇する。空気を体積が$1/\varepsilon$になるように圧縮すると、熱の出入りがなければ圧縮前の絶対温度の$\varepsilon^{0.4}$倍となる。当然、エンジンに供給されるまでに熱は逃げるから、温度はこれより低くなる。しかし、ターボやスーパーチャージャーの装着によって吸気温度が上がることには変わりはない。吸気温度が高いと充填効率が下がるし、怖いのはノッキングの発生である。ノッキングを避けるために点火時期を遅らせると、後燃えを助長して排気温度が上昇し、熱効率は低下する。ごくわずかな加圧なら温度は大して問題にならないが、チューニングのための過給なら圧縮されて高温になった空気によりはね返りが起こる。そこで、圧縮後に空気を冷やしてからエンジンに供給するために、インタークーラーが必要になる。

　インタークーラー単体での放熱性能はラジエターと同様に前面面積、フィンやチューブ、これらを組み立てたコアの厚さで支配される。また、多数のチューブへ空気を分配したり集めたりするためのタンクが必要である。インタークーラーの能力アップの簡単な方法は、ひとまわり大きなものに交換することである。ところが、もしスペースに余裕があっても、まだそれ以前に検討すべき点がある。まず、インタークーラーが大型化すればチューブやタンクの容積が大きくなり、そこの圧力が上がるまでの時間が長くなる。チューニングしたエンジンなら、高い圧力の空気が供給されるのが一瞬遅れても

図1　空冷式インタークーラーの例

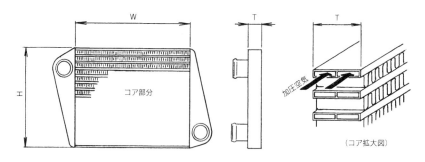

インタークーラーの基本能力はW×H×Tで決まるが、Tを大きくしても冷却風が抜けなければ、ほとんど効果は期待できない。

レスポンスが問題となる。応答性の面からはターボの出口からコレクターまでの容積は小さい方がよい。また、重量も増えるので必要最低限の大きさに止めておくべきである。

まず、インタークーラーのフィンから大気中への放熱特性の改善を図るべきである。コアを通る外気の通過率を上げることと、できるだけ低い温度のところから冷却風を導くことを試みる。走行風と車速との比が大きくなるように、インタークーラーの前の障害物を整理し、コアを通過して熱くなった外気を速やかに排出するように、後流の処置も合わせて行う。また、熱交換面積を増やそうとしてフィンピッチを小さくしたり、コアを厚くすると、通気抵抗が増えて通過する空気量が減り、性能が低下することがある。だが、非常に高速で走行するマシンなら、コア前面の動圧が高くなるのでフィンピッチは小さくした方がよい。インタークーラーは車両部品であり、マシンとの相性があるので、車載レイアウトをきちんと行って仕様を決めるべきである。また、熱線風速計を使ってコアを通過する空気の速度を測定し、これとコア前後の空気の温度およびインタークーラーの入口と出口の温度差との関係を求めておくと、選定の大切な基礎データとなる。

コレクター内の空気温度を何度に保つかが、インタークーラーの仕様決定の基準になる。吸気温度には適温がある。エンジンや過給圧によっても異なるが、出力と燃費を両立させるためには35℃～40℃がよいようだ。出力重視ならもっと低くする。また、外気温度が低いときには冷えすぎて燃焼を悪化させるので、マスキングをしたり、インタークーラーをバイパスさせて吸気温度を制御するデバイスを装着するのもよい。

図2 インタークーラーによるエンジン出力増大の分析

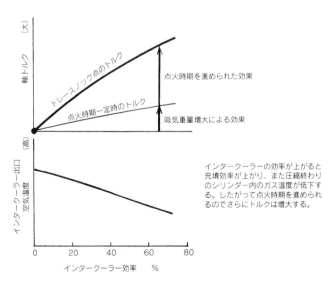

インタークーラーの効率が上がると充填効率が上がり、また圧縮終わりのシリンダー内のガス温度が低下する。したがって点火時期を進められるのでさらにトルクは増大する。

オイルクーラーを取り付けたりサイズを上げた

　チューニングにより使用回転レンジが上がったりトルクが増大すれば、必ずエンジンオイルによって冷却しなければならない熱量は増大する。これは、図1のように軸がベアリングメタルから浮き上がって回転している流体潤滑の領域では、摩擦係数は回転数Nとともに増大する。ベアリング荷重と回転速度がフリクションに与える影響や、クランクシャフトの回転増大に伴う摩擦損失は、拙著「乗用車用ガソリンエンジン入門」などに詳しく述べてあるのでそちらをご参照いただくとして、この図の横軸はオイルの粘性係数μと回転数Nの積を軸受面圧Pmで割った軸受定数と呼ばれる値の平方根である。

　摩擦力と回転数の積に比例する摩擦仕事が軸受け部で発生する熱になるため、この部分の発熱は高回転化に伴い飛躍的に増大する。そして、軸受け部で発生する熱のほとんどはオイルが奪うことになる。当然、燃焼室内での発熱量も増えるので、ピストン冠面の温度も上昇する。また、ピストンとシリンダーとの摩擦による発熱も増大する。シリンダーが受ける熱はウォータージャケットに捨てられるが、ピストン側はオイルによって冷却されることになる。この熱もオイルの熱負荷の上積みになる。このように、パワーアップはオイルの温度を上昇させる。さらに、冷却水の温度が上がれば、それと平行してオイルの温度も高くなる。したがって、もしオイルクーラーが装着されておらず、オイルパンからの放熱によ

図1　平軸受の潤滑と摩擦特性

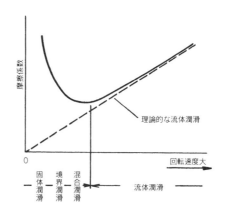

ってオイルを冷却している場合には、オイル温度が許容限界を越してしまうことがある。オイルの許容温度は軸受け部のオイル温度が何度まで耐えられるかで決められるべきであるが、例えばオイルパン内の温度が110℃を越えるようであれば危険である。もちろん、この値はオイルの仕様によっても異なってくる。

　オイルクーラーがあってもオイル温度が上がり過ぎることがあるが、このときにはオイルクーラーの能力が不足している。新たにオイルクーラーを装着する場合は、オイルポンプから吐出されオイルフィルターに入る直前のオイルを図2のように一旦引出して放熱させ、フィルターのダーティサイドに戻すようにするのが簡単である。そのための、スペーサー状のアダプターが市販されている。本格的なレーシングカーではドライサンプ方式を用いているのが普通であり、この場合はスキャベンジポンプとオイルリザーバタンクとの間にオイルクーラーを入れる。いずれにせよ、オイルクーラーへの行き戻りのパイプの抵抗があるため、ポンプの負担の増大は避けられない。だが、オイルクーラーを新設したり、そのサイズを大きくする以前にオイルパンや既設のオイルクーラーに十分に風が当っているかを調べる必要がある。サイズを上げても走行風がコアをうまく抜けるようにしないと、ほとんど効果はない。また、オイルクーラーとラジエターとが重なるようなレイアウトにすると、冷却水温度にはね返りがあるので注意を要する。一方、オイルが冷えすぎるとフリクションの増大やガソリンによるオイル希釈などが起こるので、マスキングなどで対策をする。オイルの冷却能力を改善した場合にはオイル温度を測定し、適温になっているか測定することが重要である。

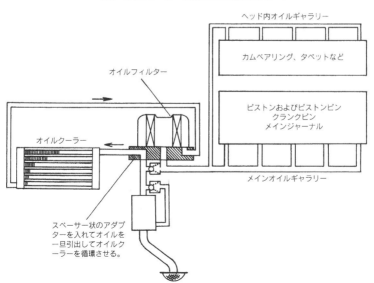

図2　オイルクーラーを装着した潤滑システム

119

ラジエターを容量の大きいものに替えた

　エンジンオイルと同様にパワーを出そうとすると、冷却系への放熱は増加する。したがって、ラジエターの放熱能力が不足すると、オーバーヒートの危険が出てくる。ラジエターの放熱部分コアはチューブとフィンとで構成されている。そして、ラジエター通過風速が一定なら、放熱能力はコアの前面投影面積に比例する。一方、必要なコアの面積は、エンジン出力の1/2乗に比例する。余談だが、理論的にはマシンの最高速度はエンジン出力の1/3乗にほぼ比例するので、このときのコア通過風速も出力の1/3乗に比例して大きくなる。

　普通、このコアの厚さはモジュール（例えば16mm）になっていて、前面面積を大きくできない場合には何枚か重ねることになる。以前は乗用車でも何枚も重ねてあったが、最近では薄くなっている。最大出力時の車速が遅い商用車では、コアが厚いものが使われることもある。だが、2枚目のコアは1枚目のコアで暖められた空気が通過するので、効率は小さくなる。したがって、コアを何枚も重ねている場合、放熱能力は図1のように枚数に比例して増大しなくなる。そこで、車両への搭載条件が許せば前面面積の大きな薄いラジエターに替えるのが効果的だが、スペースがない場合にはやむを得ずコアを重ねて冷却能力を上げることを余儀なくされる。

　一方、ラジエターからの放熱量は、コア通過風量やフィンと外気との温度差が大きくなれば増大する。私はここに注目

図1　ラジエターコア多層化の効果

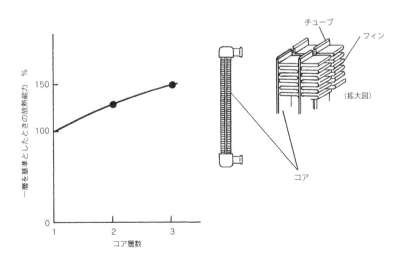

したい。

　まず、ラジエターの前にある走行風の障害物を整理する。例えば、グリルにつけたカーバッジを外しただけでも効果がある。また、コアを通過する風速が車速の30％近くにまで低下していることもある。もし、これを40％にできたら、放熱能力はざっと15％ほど大きくなる。ちなみに、ウォータージャケットの中を流れる冷却水への放熱量は、そこを流れる流体の速度の1/3～1/2乗に比例して改善される。つぎに、コアを通過した後の空気をスムーズに流すようにする。レーシングカーでは排出部位にリップを付けて負圧を発生させ、強制的に熱くなった空気を引っ張り出すと効果が大きい。また、フィンの面積を増やそうとしてフィンピッチの小さいものに交換することも考えられるが、通気抵抗が増えてコア通過風量が減る。コアの中を外気がゆっくりと流れると空気温度が上昇して、フィンとの温度差が小さくなるので不利になる。ピッチを細かくしたときには、とくに後流の処置が大切になる。

　ファンを大きくしたりシュラウドの改善はアイドリングや低速時には効果があるが、サーキットなどで高速走行をする場合には、ほとんど無意味である。走行によるコア通過風やシュラウドが邪魔になってスムーズにはけなくなり、かえってこれを取り外した方がよいことがある。図3のようにコアの背面の空気温度を測定して、温度分布にばらつきが生じていれば、空気の分配を改善すべきである。空気がうまく流れていないところの温度は高くなっている。

　コア全体が一様にその能力を発揮するように、通過風の流れを改善すると、ラジエターを大きくしなくてもすむことがある。

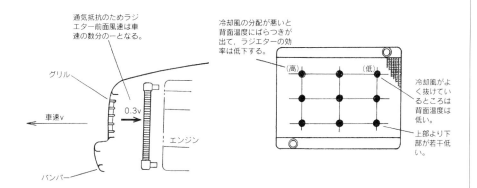

図2　ラジエターの通気率　　　　図3　ラジエター通過風量のばらつきによる放熱効率の低下

油圧レギュレーターバルブのセット圧を高くした

　出力を上げようとすれば、必ず潤滑は厳しくなる。トルクを上げるためには、ピストンに作用するガス力が大きくなり、コネクティングロッド・ベアリングの荷重が増大する。また、高回転化は各ベアリングの滑り速度を大きくするとともに、往復動部分の慣性力を回転数の二乗に比例して増大させる。チューニングはトルクと使用回転数をともに大きくするので、パワーアップの過程で潤滑の改善が必要になることが多い。

　まず、問題となるのは、クランク軸のメインジャーナルとピンおよびピストンであるが、とくにクランクピンの潤滑が難しい。軸受けメタルの焼き付きのメカニズムについては前に述べたのでここでは省略するが、対策は局部的な油温の上昇と油膜切れによる金属接触を避けることである。そのためには、良質で適温のオイルを潤沢に潤滑部分に送ることが必要になる。

　油圧を上げれば油膜の保持特性が改善され、またその平方根に比例して流量が増大するので、オイルによる冷却効果も改善されるはずである。ところが、その前提はクランクピンとコネクティングロッド・ベアリングとの隙間に、油圧の上昇に見合ったオイルが供給されていることである。だが、油圧が高くなっても、その手前でオイルが勢いよく逃げてしまうことがある。クランクピンへの給油はジャーナルの油穴から斜めに開いた穴を経由して行われるので、まずジャーナルの油穴にオイルを押し込まなくてはなら

図1　エンジン回転数が増大すれば要求油圧も高くなる

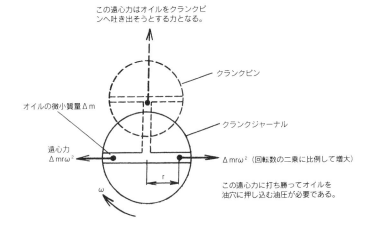

ない。ところが、図1のようにメインジャーナルの油穴に詰まっているオイルは遠心力を発生させる。この遠心力は回転数の二乗に比例して増大するので、それに打ち勝ってオイルを油穴に流れ込ませるためにはさらに高い油圧が必要になる。

油圧はオイルポンプの吐出側に取り付けられたレギュレーターバルブのスプリングのセット力で調整される。オイルポンプの回転はエンジンの回転数に比例して大きくなるが、レギュレーターバルブが開いた後ではバイパス量が増えるだけで、理論的には潤滑部に供給される総油量は変わらない。レギュレーターバルブのセット圧を上げれば、バイパスが始まる回転数をより高くすることができる。だが、油圧を上げることにより、オイルポンプを駆動するギアの負荷は大きくなるので、この破損や磨耗が問題になる。また、オイルポンプ内でのリークが増大するので、ポンプの体積効率が低下する。しかし、レギュレーターバルブからバイパスされる油量と相殺されるので、ポンプ内部のトロコイドギアなどが破損するほどでなければ問題はない。

油圧を上げるためにポンプの駆動力が大きくなれば、その分フリクションが増大する。動弁系の潤滑は回転のみに依存し、発生するトルクとは無関係である。また、ピストンとシリンダーとの潤滑はピストン速度によって限界がある。だが、私はオイルがよければ29m/s程度までは大丈夫であり、普通のチューニングのピストン速度では問題はないと考えている。いずれにせよ、油圧を上げるときは必要最小限とすべきである。高速回転時にいちばん大切なクランクピン部への給油改善のノウハウは、拙著「レース用NAエンジン」で説明してあるので、そちらをご参照いただきたい。

図2　油圧を高くすると循環油量も増大する

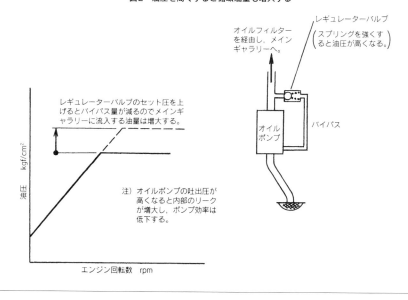

ラジエターの加圧キャップの開弁圧を高くした

　エンジンの冷却系への放熱量の増大をラジエター側がまかないきれないと、水温が上昇する。ラジエターのコアの温度が上がれば外気温との差が大きくなるので、放熱量が増え供給熱量と放熱量とがバランスしたところで冷却水温は一定になる。一方、圧力と沸騰点との間には一義的な関係がある。これに関しては熱力学的なクラペイロン・クラジウスの式があるが、ここでは説明を省略する。図1に水の場合の圧力と沸騰点との関係を示す。標準大気圧（760mmHg、1013hPa）のときの沸騰点は100℃であるが、0.9kgf/cm²加圧して絶対圧で1.9kgf/cm²にすると、118℃で沸騰することが分かる。冷媒として水にエチレングリコールを主成分としたLLC（オールシーズン使える不凍液）などを加えると、その混合割合に応じて氷点が下がるとともに沸騰点も上昇する。だが、前にも説明したように冷媒としての性能は、水だけの場合より必ず低下する。

　ラジエターの加圧キャップの構造は図2のようになっていて、エンジンの暖機に伴って冷却系内の圧力が高くなると、加圧バルブが開いて液状の冷媒をリザーバータンクへ押し出すようになっている。また、エンジンが停止して冷却水の温度が下がると系内は負圧になるので、これを防ぐためチェックバルブが開いてリザーバータンク内の冷媒を吸い戻す。これは正常な場合であり、もし冷却水の温度が加圧キャップで規定された沸騰点を越えると、蒸気が加圧バルブを押し開

図1　圧力が沸騰点に与える影響　　　　　図2　ラジエター加圧キャップの構造

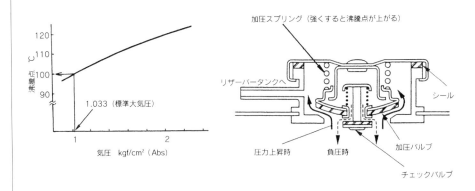

いてリザーバータンクに噴出する。いわゆるオーバーヒートである。

冷却系によってはリザーバータンクをもたずに、ラジエターのアッパータンクの上部に空間を設けただけのものもある。この場合は直接大気中に蒸気が噴き出すことになる。

そこで、蒸気が噴き出す温度を上げたり余裕をもたせるため、加圧バルブの開弁圧の高いものを使用することがある。また、加圧バルブを分解してスペーサーを入れて、スプリングのセット荷重を大きくしてもよい。この場合の問題点は冷却系内の圧力が高くなり、ラジエターのパンク、ホース類の破裂や各部からの冷媒の漏れが心配になる。とくに、リザーバータンクがある冷却システムでは、通常系内は非圧縮性の液状の冷媒で満たされているのが正常である。したがって、暖機が始まればオーバーヒートを起こさなくても、系内は開弁圧に加圧されることになり、不具合が発生する恐れのある時間が長くなる。リザーバータンクのない単に加圧だけの方式のものでは、系内の冷媒の温度によって決まる圧力になっている。冷却系内は正圧と負圧が繰り返されるので、加圧圧力を上げればその振幅は大きくなる。ラジエターやホースは圧力には何とか耐えても、永く使っているうちに繰り返し応力により疲労破壊を起こす危険がある。万一、オーバーヒートが発生するとエンジンが破壊しかねないので、加圧圧力を高くするのは止むを得ない。冷媒としてもっともすぐれた水だけにして、限界の温度に対応した最小の開弁圧の加圧キャップにするとともに、少しでもラジエターの通風を改善するのが現実的である。また、ホースの亀裂や冷媒の漏れのチェックをこまめに行うことを忘ってはならない。

図3　加圧式冷却システム

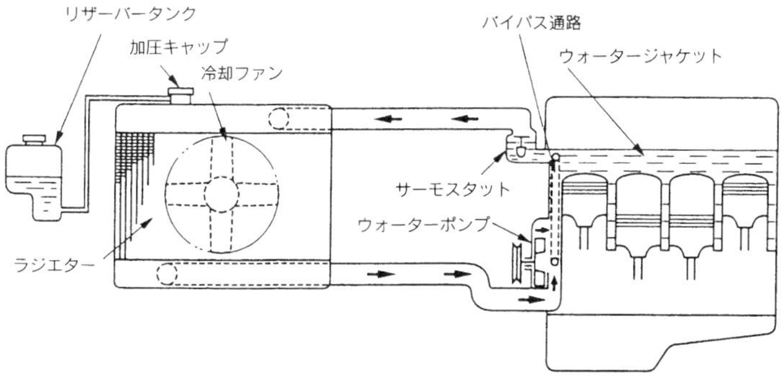

耐荷重の大きなベアリングに交換した

ピストンに加わるガス圧や高速回転化による往復動部分の慣性力の増大、滑り速度の増大は、ベアリングの負担を大きくする。チューニングによるトラブルはベアリングの焼き付きに関するものが多い。その中でもとりわけ荷重が大きく、潤滑が厳しいコネクティングロッド・ベアリングは焼き付きを起こしやすい。また、その大端部とキャップとで形成するベアリングハウジングの変形は致命的である。平軸受（プレーンベアリング）のトラブルを避けるためには、ベアリングの荷重、軸との滑り速度（軸の周速）、潤滑状態およびハウジングの剛性がすべて許容値を満たしていなくてはならない。

ここで、軸受の面圧は図1のように定義されている。軸の直径および長さをそれぞれD、L、荷重をWとすると、単位長さ当たりの荷重PはW/Lとなる。軸受面圧PmはP/Dすなわち$Pm = W/LD$と表される。このように、Pmは荷重とベアリングを上から見た投影面積との比となる。また、単位はkg/cm^2を使うのが一般的である。プレーンベアリングは図2のように半割り状のスティール製のバックメタルに、鉛や銅などの軸受材を焼結し、その上になじみをよくするために錫や亜鉛などのオーバーレイをかけてある。まだエンジンのパワーが小さかった頃は、軸受合金といえば鉛と錫のバビットメタルであった。また、白い色をしていたのでホワイトメタルとも呼ばれていた。軸とのなじみ性がよく、また異物を噛み込んでも小さければメタル中に取り込んで

図1　軸受面圧の定義

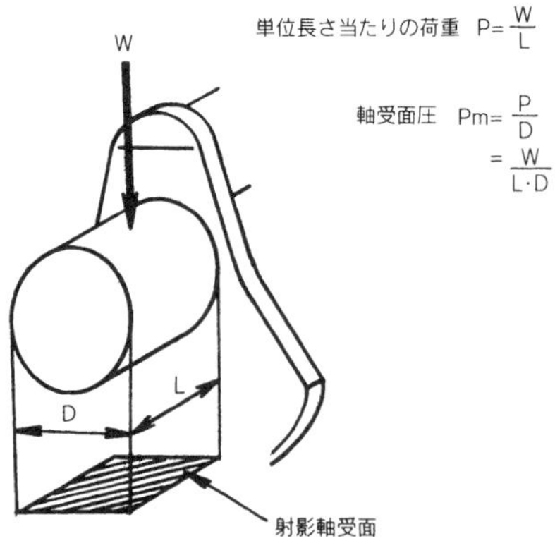

図2　プレーンベアリングの構造

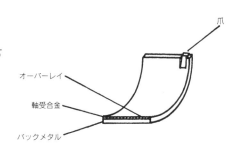

しまう埋没性にもすぐれていた。しかし、耐荷重が小さく、エンジンの高性能化に伴い銅と鉛を主成分とするケルメットに変わっていった。だが、ケルメットでも一般に耐荷重の大きなベアリングは固く、なじみ性や埋没性が悪くなる。400kg/cm²級のベアリングメタルを500kg/cm²級にすると、25％ほど耐荷重に余裕は出てくる。しかし、条件としては清浄なオイルを使用し、入念にラッピングをすることが大切である。

クランクピンにくらべてメインジャーナルは径と幅ともに大きい。したがって、メインベアリングは面圧が小さく潤滑状態もよいので、コンロッドベアリングより耐荷重の小さいものを使用することができる。私は決勝レース中でも840psを発生する3.5ℓのターボエンジンで、コンロッドベアリングは700kg/cm²級、メインベアリングは500kg/cm²級のケルメットメタルを使っていた。ケルメットのほかにアルミや銀のベアリングメタルがあるが、一般的ではなく使わない方が無難である。だが、アルミは軸受材としてすぐれているので、アルミ製のシリンダーヘッドでは母材を直接カムベアリングとして用いている。普通のチューニング程度なら滑り速度より荷重と潤滑が問題になることが多い。コンロッドベアリングにピッティングができたり、当たりが強ければ耐荷重の大きなものに替え、清浄なオイルの使用とならしを入念に行う。だが、ガス力より高回転化による慣性力の増大でベアリングハウジングが変形して局部的に当たりが強くなったり、ベアリングが焼き付いたりすることがある。なお、コンロッド大端部のクローズインなどのハウジングの変形による強い当たりはオイルクリアランスを若干大きくすることで防げることもある。

図3 半割リメタルのクラッシュハイトとクラッシュレリーフ

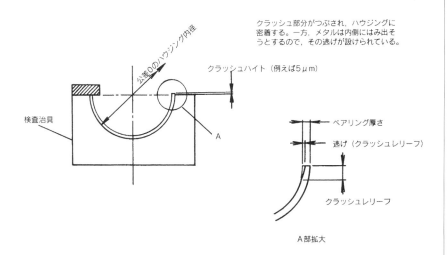

ベアリング部のオイルクリアランスを広げた

　実用車のエンジンではオイルクリアランスを広げると、メタルの打音が問題になることがある。しかし、チューニングの場合は耐久性とフリクションの両面から油間隙を決めることになる。エンジンに回転部分はいろいろあるが、ここではとくに重要なメインベアリングおよびコネクティングロッド・メタルのオイルクリアランスを取り上げる。これらにはともに半割り状のプレーンベアリングが使われており、ベアリングメタルを替えることでクリアランスの選定ができる。ところが、大きな力を受けながら高速で回転する軸を浮揚させるためには、まずベアリングのハウジングの変形が加わる力の範囲では無視できることが前提となる。図1に軸が浮揚しながら回転する様子を模式的に示す。図2のように油間隙に詰まったオイルが回転する軸によって荷重と釣り合う油膜圧力を発生させるので、金属接触が起こらないのである。このような状態を流体潤滑と呼び、高回転時には浮揚した軸はベアリングのほぼ中央で回転している。この領域は境界潤滑域より高い回転数であり（122頁図1参照）、クリアランスに詰まったオイルの粘性が回転数とともに増大する抵抗を発生させる。また、オイルクリアランスを若干大きくすると、一般にフリクションは低減する。図2のように油膜の圧力はメタルの両端や中央に油溝がある場合は、ここでほとんどゼロになる。過大なオイルクリアランスはオイルの逃げを助長し、油圧を発生させにくくする。かつ

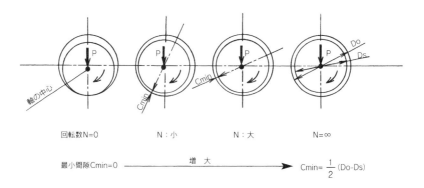

図1　オイル潤滑の平軸受内での軸心の挙動

て、各メインベアリングに渦電流式のギャップセンサーを取り付けて回転中のクランク軸の変形状態を測定したことがあるが、クランクシャフトはオイルクリアランス一杯に変形しながら回転しているのを発見した。一見、剛のようなクランクシャフトでも大きな力を受けて、曲がったりねじれたりしながら回転している。そして、メインベアリングはその変形を拘束し、クランクシャフトの剛性をカバーする働きもしている。余談ながら、この論文で自動車技術会賞を受賞した。

ピストンにガス力が加わる膨張行程ではコンロッド側がクランクピンに押しつけられるが、吸入行程の前半にはベアリングキャップがボルトを介してコンロッドとピストンを強く下向きに引っ張る。このため、コンロッドの大端部は図3のように楕円状に変形し、両側が内側に引っ張り込まれる。これがクローズインで

高速回転からエンジンブレーキをかけたときなどには、この方向のオイルクリアランスがなくなるほど変形することがある。チューニングにより使用する回転レンジが高くなるので、クローズインによる焼き付きには注意をはらうことが必要である。私はクローズインを予測して、その分オイルクリアランスを大きくしていた。また、コンロッドがチタン合金の場合はスティールより熱膨張係数が小さいので、ベアリング部の温度が上がるとオイルクリアランスは減少する。これとクローズインとが重なると、ますますオイルクリアランスが小さくなり、金属接触が起こる可能性が出てくる。オイルクリアランスの目安は軸径の0.8/1000倍程度（例えば軸径が $\phi 50$ のときは0.04mm、すなわち $40\mu m$）であるが、チューニングの場合はこの20%増、チタン製のコンロッドの場合はもっと大きくしてもよい。

図2　平軸受の油膜圧力分布　　　　図3　コネクティングロッド大端部のクローズイン

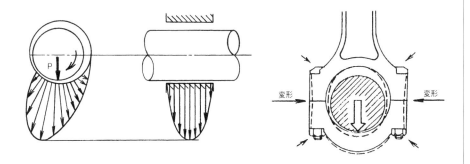

シリンダーをボーリングして排気量を大きくした

　シリンダーを再ボーリングしてオーバーサイズのピストンを使い、若干ではあるが排気量を大きくすることができる。排気量制限のあるレースではレギュレーションが許せば、上限値一杯まで排気量を増やした方が有利である。例えば、シリンダー径がφ85のエンジンでストロークが同じなら、径を1mm拡大すると排気量は約2.6%大きくなる。もし、吸排気バルブ径などに余裕があれば、理論的には図示馬力は2.6%増大することになる。当然、ピストンの摩擦面積が増えるのでフリクションも大きくなるが、摩擦馬力の増加は図示馬力のそれより小さいので、正味馬力（図示馬力−摩擦馬力）は2.6%以上増大する。ただし、1mmでもシリンダー径が大きくなれば、ヘッドガスケットが燃焼室にはみ出すことがあるので、これは絶対に避けることが大切である。

　排気量に影響がでるほど再ボーリングをすれば、シリンダーライナーの肉厚は必要以上に薄くなる。だが、一般にライナーの剛性には余裕があるので、1mm程度のボアアップならライナーは全周が0.5mm薄くなるだけで、トラブルは起こらないと考えられる。さらにシリンダー径を大きくする方法のひとつは、同じエンジンファミリーの排気量の大きいシリンダーブロックとピストンを使うことがある。排気量をストロークだけでなくシリンダー径も変えて大きくしている場合は、初めからライナーの肉厚は確保されており、取り付け関係や水穴なども同じはずである。メインジャーナル径が合えばクラン

図1　再ボーリング時の留意点

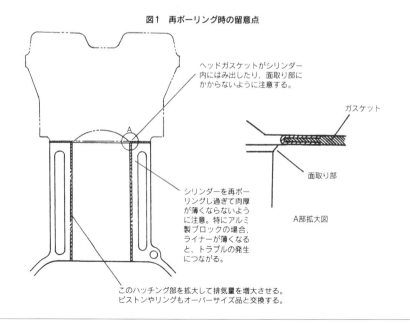

クシャフトを替えないですむので、ストロークは同じである。また、大物部品のシリンダーヘッド、カムシャフト、吸排気系などはそのまま使うことができる。

だが、このとき思わぬ問題が発生する危険性があるので、よくレイアウトを練ってから改造にとりかかる必要がある。まず、ブロックのアッパーデッキの位置が高くなることがあるので、カムシャフト駆動のチェーンやコグベルトが合うかを検討しておく。つぎに、圧縮比が上がってしまうので燃焼室の容積を所定の値になるように削って調整し、またスキッシュエリアが増え過ぎないように、ブロックとの合わせ面の形状を整える。さらに、吸気や排気バルブの傘径が律則になって、吸入空気量が頭打ちになることが多い。吸入できる最大空気量が同じなら、排気量の増大に逆比例して最高出力を発生する回転数が低下する。その結果、最

高出力はほとんど変わらないが、発生する回転数が低くなるだけである。そこで、もし可能なら前述のようにバルブやポート径、スロットルを大きくし、バルブタイミングの選定を行えば、高速の伸びを改善することができる。

シリンダー径を拡大すれば、必ず燃焼室の形状も変化する。同じ回転数でも吸入空気量は増大している。当然、空燃比や点火時期の再マッチングが必要となる。ただし、最初に述べたようなわずかな排気量の増大なら、マッチングを見直さなくてもよい場合が多い。耐久性に関しては、ピストンの受圧面積や重量が大きくなった分、回転数が同じでもベアリング荷重は増大する。もし、排気量と最高回転数をともに上げる場合には、耐荷重の大きなベアリングに交換した方がよい。また、オイルはよいものを使うのに越したことはない。

図2　シリンダー径拡大がスキッシュ域に与える影響

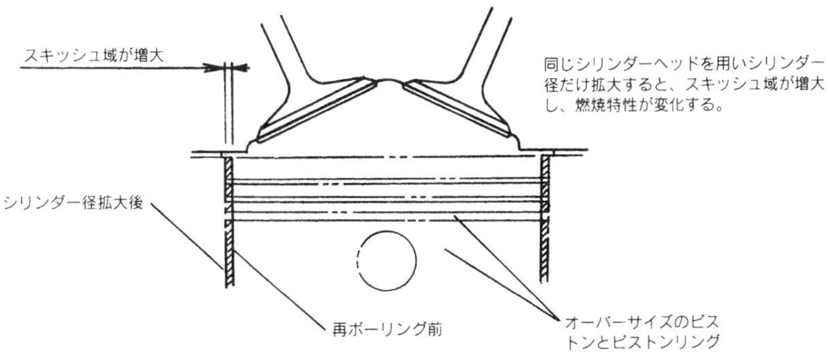

スキッシュ域が増大

シリンダー径拡大後

再ボーリング前

同じシリンダーヘッドを用いシリンダー径だけ拡大すると、スキッシュ域が増大し、燃焼特性が変化する。

オーバーサイズのピストンとピストンリング

コネクティングロッドを研磨した

　レーシングエンジンでは、よくコネクティングロッドをぴかぴかにバフ研磨する。これは表面の微視的な傷まで取り除いて、そこを起点として発生する亀裂を避けるためである。例えば、醤油の入ったビニールのパッケージに切り欠きが入っていると、いくら縁の幅が広くても簡単に袋を破ることができる。これをノッチ・エフェクト（切り欠き効果）といい、極端に強度を低下させる。普通、エンジンの部品の中でただ一回大きな力が加わって壊れるような一発破壊をするものはない。壊れるとすれば、疲労破壊や磨耗、熱応力などの経時的な要因によるものである。また、ピストンではノッキングによる高温で局部的に融け、破壊が全体に行き渡ることもある。

　エンジン部品の中でも、とりわけコンロッドは大きな引っ張りと圧縮の繰り返し応力を受ける。もちろん、曲げ応力も作用する。軸方向の力と曲げによる力が同時に作用するときの応力を与える経験的な式があるが、ここではそれぞれの応力の二乗の和の平方根になるということだけに止めておく。コンロッドの破壊は図1のように疲労破壊によるものが多い。そこで、ロッド（棹）の部分の表面をバフ研磨や表面の凸凹を取る（ショットブラスト）ことにより最初に応力が集中する傷を取り除けば、疲労破壊強度が向上する。この他にも思わぬことが疲労破壊の原因となることがある。例えば、私の経験では図2のようにコンロッドの小端部にあるピストンピンへの給油孔が起点

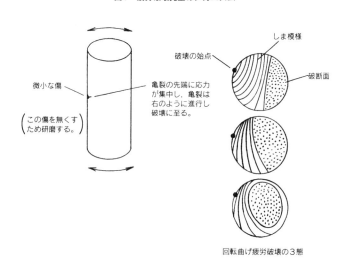

図1　疲労破壊発生のメカニズム

となって破壊が発生したことがある。設計的には十分な強度をもたせてあるにもかかわらず、破壊したので徹底的に原因を追求した。そして、小孔をあけたときドリルの刃を折りこませ、これを放電加工で取り除いていたことが分かった。放電加工による組織の変化と微視的な凹凸が引き金になって、疲労破壊が起こったのであった。

また、コンロッドボルトの中心線に対して座が直角でなかったために、ボルトの首の部分に曲げ応力が加わることもある。図3のように座の隅アールにボルトの頭が乗り上げると、曲げの初期応力が加わってしまう。ボルトの座周囲の小アールはここからの亀裂を発生させないために必要である。しかし、座ぐりのカッターの刃の跡があったら、入念に取り除いておく。コンロッドの破壊は応力が集中しやすいボルトの座付近が多いので、

カラーチェックなどで亀裂を検査しておくのがよい。コンロッドによってはナットを用いずにロッド側にメネジを切って、キャップをボルトで締めつけるようにしたものもある。この場合、転造でメネジを創成するのが材料の繊維を傷めないので理想的であるが、タップでネジ切りをしてあるときには谷の部分がエッジ状になっていないことを確認しておくのがよい。材料に加わる繰り返し応力が大きいと、その回数が少なくても疲労破壊する。そして、一般に10^7回繰り返しても壊れなければ、それ以上繰り返しても破壊しない（13頁図3参照）。だが、最初にわずかでも傷があると、そこに応力が集中するので、その部分の応力は平均値よりはるかに大きくなる。これを避けるために微視的な傷による乱反射がなくなり、コンロッドが光るまでていねいに研磨することは大いに意義があることである。

図2　疲労破壊の発生の例　　　図3　コンロッドボルトの初期曲げ応力の除去

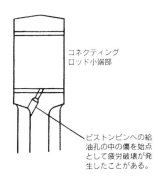
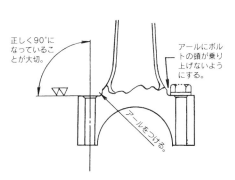

コネクティングロッド・ボルトの締めつけトルクを大きくした

　エンジンの中でコネクティングロッドは強度的にもっとも厳しい部品であるが、そのロッド部とベアリングキャップを一体に結合するコンロッド・ボルトはボルトの中でもとりわけ強度が要求される。エンジンの運転中に万一このボルトが折損したり緩んだら、エンジンを全壊させてしまう。そこで、コンロッド・ボルトは銃身に使うような超高張力鋼製のものが多く、加工や調質も厳しく行われている。エンジン組み立ての際コンロッドの大端部をシリンダーの中を通過させなくてはならず、大端部の幅がシリンダー径より小さくなくてはならない。これによりボルト径は制約を受ける（図1）。ボルトの軸径を大きくできなければ、材質で強度を確保することになる。

　私は15000rpmを超えるスポーツプロトタイプカー耐久レース用のNAエンジンでは工具鋼を使用したこともあった。この材料は引っ張り強度はきわめて強いが、切り欠き効果に弱いので、加工には万全を期した。

　結論から先にいえば、コンロッド・ボルトの締めつけトルクを大きくすることは、きわめて危険である。ましてや、ボルトの径や材質を変えずに、その締めつけトルクだけを大きくすると即破損につながる。まず、大端部のベアリングハウジングはロッドにキャップを組み付けた状態で、内面が真円になるように一体加工される。このとき、規定のトルクでボルトを締めつけているので、キャップを取り外しても、再組み付けのときにこの

図1　コネクティングロッド大端部の制約

図2　ボルトのように延性のある材料の弾性変形と塑性変形

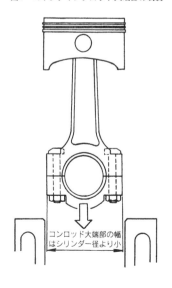

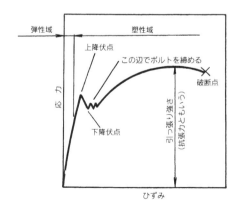

トルクで締めれば加工時の真円度は再現できる。ところが、緩まないようにと強く締めつけると、仕上げ加工時のベアリングハウジングの形状が保証されなくなる。ひどい場合にはクランクピンとベアリングの当たりを損ない、焼き付くことにもなりかねない。図2のようにボルトのような金属材料を引っ張ると初めは応力に比例して伸びるが、ある応力を越すと急に変形したり切断する。もし、ボルトがこの直線的に変形する弾性域で締めつけられていて、締めつけトルクを大きくしても降伏点に達さない場合は若干意味がある。これは図3のようにキャップ側に力がかかったとき、ボルトを伸ばそうとする力が小さくなるからである。キャップに力が加わらない自然状態のときボルトは伸び、ロッドとキャップのボルト穴近辺は圧縮されて縮んでいる。ところが、キャップ側に力が加わるとボルトは伸びるが、それまで圧縮されていたロッドやキャップの部分が開放されるので互いにキャンセルされて、キャップが受ける力がそのままボルトに加わらず、もっと小さな力となる。このことを考慮してコンロッド・ボルトの締めつけトルクは決められており、ことさら強く締めつける必要はない。

つぎに、軸力が安定するので塑性域締結法でボルトが締めつけられていることがある。よく角度法で締めつけるというのがそれである。これは、まず少し弱いトルクで締めつけておいて、さらに規定の角度だけ締めつけるものである。このときボルトの軸部の応力は降伏点を越していて、塑性変形の領域に入っている。したがって、これをもっと締めつけるのは有害である。むしろ、ネジ部やボルトの頭の裏側と座面の状態をきちんと管理することが緩みに対して重要である。

図3 ボルトによる締結の力のバランス

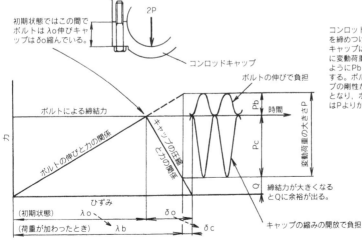

シリンダーヘッド・ボルトの増し締めトルクを大きくした

　DOHCエンジンでは2本のカムシャフトが邪魔になって、シリンダーヘッド・ボルトの増し締めができにくいものが多い。それで、ヘッドガスケットを改善したり塑性域締結法（図1）などを用いてボルトの軸力を安定させて、増し締めを不要にしている。だが、バルブタイミングが狂わないように気をつけながらカムシャフトを取り外せば、一般にヘッドボルトの増し締めは可能である。古いエンジンでヘッドガスケットから冷却水やオイルが滲み出ているような場合、うまく締め直せば一時的に止まることがある。増し締めで功を奏するのはこのくらいである。

　コンロッド・ボルトにくらべヘッドボルトはまず緩むことはない。だが、ヘッドガスケットがへたったりすると、ボルトの軸力が低下する。このときはボルトの締めつけトルクが初期値より小さくなっていて、あたかも緩んだような状態になっている。そして、ひどい場合にはヘッドガスケットの吹き抜けにつながることもある。だからといって、さらに強く増し締めするのは得策ではない。問題はヘッドガスケットの弾性がなくなっているからであり、大きなトルクで増し締めをしても恒久的な漏れ対策にはならない。大がかりではあるが、タイミングチェーンやコグベルトを外してシリンダーヘッドを取り外し、ヘッドガスケットを新品に交換して規定のトルクで締めつけるのが賢明である。このとき、ヘッドの燃焼室やピストンの冠面に堆積したカー

図1　ボルト（ナット）の角度締め法

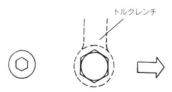
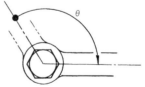

(1) 六角穴付または六角頭ボルトを規定のトルクでまず締める。

(2) 次に規定の角度θだけ締め込む。このθの間にボルトは塑性領域に入っている。

図2　ヘッドボルトを規定トルク以上で締めると変形する

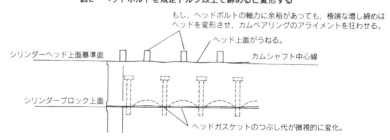

ボンをアセトンなどを使って取り除けば、ノッキングがなくなり、エンジンの調子はぐっとよくなる。

　もし、ヘッドボルトの軸力に余裕があっても、過度のトルクで締めつけるのは有害である。ヘッドのカムシャフトのジャーナル穴を加工するとき、ヘッドボルトの軸力に相当する荷重をかけて全ベアリングを一気にラインボーリングしている。ヘッドの剛性には限りがあるので、もしボルトを強く締めると図2のように変形して、カムベアリングのアライメントが狂ってしまう。また、ヘッドガスケットのつぶし代が大きいほど、変形は深刻になる。そして、ヘッドボルトのボスの部分のガスケット面圧が上がるだけで、いちばん大切なシリンダー周りの面圧が一様に大きくなることはない。

　しかし、チューニングによりシリンダー内のガス圧力が大きくなれば、それまでのヘッドボルトの締結力では不足することもある。このとき、もし取り付け関係や厚さがちょうど合うメタル製のガスケットがあればこれを用い、さらに高い張力に耐えるボルトでヘッドをブロックに強く締結するのがよい。これにより、ヘッドの変形を抑えながらシリンダー周りやオイル穴の周囲の面圧を高く保つことができる。ひとまわり太いボルトを使えるように、ヘッドのボルト穴を大きくし、またブロック側のネジも再タップすることもあるが、私は反対である。最近のエンジンは軽量化設計されており、図3のようにボス部分に余裕がない。ボルトを太くすればボスの肉厚が薄くなってしまう。そこで、太いボルトに見合った大きなトルクで締めつけると、歪みを大きくしたりクラックが入ったりする危険性がある。ヘッドボルトは規定のトルクで締めつけるのがもっともよいといえる。

図3　ヘッドボルト太径化はほとんど困難

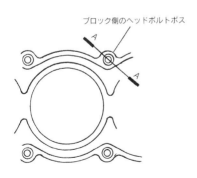

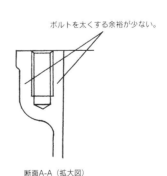

断面A-A（拡大図）

シリンダーブロックの内側のバリ取りをした

　ベアリングメタルやピストンについた傷の原因を調べると、エンジンオイルの中に混ざった異物による場合が多い。砂型鋳物のシリンダーブロックではクランクケースの隅に鋳砂がこびりついていて、運転中に剥がれてオイル中に混入することがある。金型鋳物製のブロックではこの心配はないが、それでも砂以外の異物が発生する危険性は常にある。いちばん可能性が高いのが、ブロックの下端のオイルパン取り付けフランジやバルクヘッド部である。鋳物を機械加工するとき回転する刃が草でも刈り取るように、金属の表面を削っていくので、微視的にはなぎ倒された金属のバリができる。しかも、鋳物であるので脆く、エンジンの運転中に脱落してオイルに混入する。

　この金属粉はオイルストレーナーを素通りしてオイルポンプに吸い込まれ、少しずつポンプのギアを傷める。本来ならオイルフィルターで捕捉するはずであるが、循環油量を増やそうとして目の粗いフィルターを使った場合には通り抜けることがある。また逆に、目の細かいフィルターは小さい異物まで取り除くことができるが、目詰まりの恐れがある。目が詰まって濾過抵抗が大きくなると、バイパスバルブが開いて、オイルがフィルターを通らずにエンジン各部に供給されることになる。したがって、目の細かいフィルターの場合は、早めに交換することが大切である。

　レーシングエンジンでは組み立ての前に、かなりの時間をかけて徹底的にシャ

図1　シリンダーブロックの要仕上げ部位

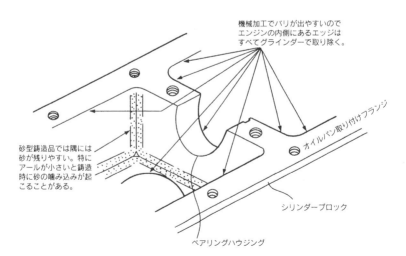

ープエッジをグラインダーで取り除く。オイルに混入する危険性のあるバリの出るところはブロック以外にも、シリンダーヘッド、ヘッドカバー、フロントカバー、オイルポンプ、カムシャフトなどオイルのかかるほとんどの金属部品の機械加工部分である。グラインダーで削るときには、図2のように角を落とすだけだと、またその稜線にバリができることがあるので、丸くグラインドするのが理想的である。しかし、あまりアールを大きくつけすぎて、その裾野がガスケットにかからないように気をつける。また、オイルに直接触れるところではないが、ヘッドの燃焼室の周りと底面との交点のシャープエッジも取り除いておく。この部分は燃焼ガスにさらされるので、高度にチューニングした場合には融ける恐れもある。ただし、スキッシュエリアに影響するような大きなアールは禁物である。

つぎに大切なのが洗浄である。グラインダーの砥石の屑や金属粉、クランクケースの隅に食い込んだ鋳物の砂などを、洗浄油を圧搾空気で吹きつけて洗い流す。そして、エンジンの組み立ては埃のない部屋で行うのが理想的である。また、組み立て中に使うオイル注しの先端に異物が付着していることがあるので注意する。いくらエンジンの内部に異物がないように気をつかっても、ガスケットにつけるボンドや液体パッキングが内側にはみ出たら、これが剥がれてオイル中に浮遊する。金属粉ほど害はないがフィルターの寿命を縮めてしまう。

機械加工によるバリがもっとも出やすく、また砂型鋳造の場合は鋳砂が残りやすい形状をしているブロックのバリを取り、入念に洗浄することは、高性能エンジンの組み立てに欠かすことのできない前処理である。

図2 バリの上手な落とし方

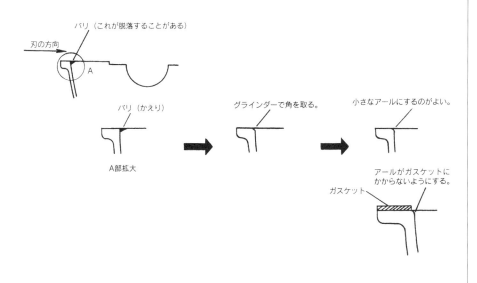

オイルギャラリーの径を拡大した

　オイルポンプから吐出されたエンジンオイルは、図1のようにオイルフィルターで濾過されてから、シリンダーブロックのメインギャラリーに流入する。もし、オイルクーラーが装着されている場合には、前述したように流路としてはオイルポンプとフィルターの間に入れられる。この部分のギャラリーは腹部大動脈のようなもので、大量のオイルを流しながら各給油部へ分配している。このオイルギャラリーの径は十分に検討され設計されているが、チューニングによって最高回転数がさらに上がった場合にはもっと太くした方がよいことがある。

　オイルポンプはエンジンの回転数にほぼ比例してオイルを吐出するが、ギャラリーの径が細いと流路抵抗が増え、潤滑部分に供給される量が相対的に不足することにもなりかねない。油圧がレギュレーターバルブの開弁圧に達すると、それ以上ギャラリーに送られる油量は増大しない。そのセット圧を高くして油圧を上げても、油量はその平方根に比例してしか増大しない。油圧が決まってしまえば圧力差が変わらないので、流速も一定となる。したがって、流量を増やすためには流路面積を大きくする以外に方法はない。ギャラリーの径を大きくすることは、エンジンの性能や耐久性にとってメリットが多い。

　だが、ギャラリー径を拡大すると必ずその周囲のボスの肉厚が薄くなる。また、もし再加工時にドリルがそれまでの油穴に対して傾くとボスを破ることがあるの

図1　オイル供給システム

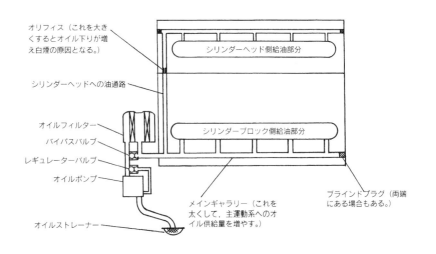

で、中心線を一致させてから慎重に穴を拡大する。

まず、両端のブラインドプラグを外して、シリンダーブロックをボール盤にセットする。そして、拡大前の穴径のドリルの刃がスムーズに入るようにセッティングの微調整を行う。アライメントが合ったら太いドリルの刃と交換して、切削油をたらしながらゆっくりと穴あけをする。メインギャラリーは長いので両側から加工することが多い。だが、正しくセットして加工すれば、両側からの穴は一致する。ハンドドリルで手軽に穴を拡大するのは止めた方がよい。

その他にもメインベアリングに通じる油穴も大きくすることがあるが、たとえ短くてもボール盤であけるべきである。なお、シリンダーヘッドの動弁系への給油は多すぎるとオイル下がりを起こして白煙の原因となるので、普通はオリフィスを入れて絞ってある。誤ってこのオリフィスを大きくしないように気をつける。また、ドリル穴が交差するところでは、初めにあけた穴の中にかえりが出るので入念に取り除く。穴加工がすんだら内部の切粉を毛虫とも呼ばれるブラシでていねいに掃除することが大切である。

一方、オイルポンプの吐出側の通路が大きくなっても、吸い込み側の抵抗が大きいとキャビテーションを起こして流量が増えないことがある。私が若かった頃、チューニングした乗用車のエンジンでベアリングがよく焼き付いた。対策としてオイル穴を拡大したが、効果はいまひとつであった。そこで、ポンプのキャビテーションを疑い、サクション側の穴を大きくしたら油量が増え焼き付きが収まったことがあった。潤滑系は高速エンジンの生命線であり、チューニングを支える重要な技術である。

図2　メインベアリングへのオイル供給穴

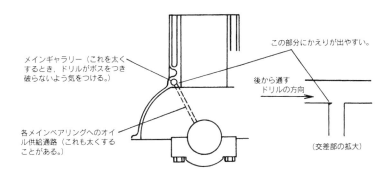

オイルポンプを容量の大きなものと交換した

　結論から先にいえば、容量の大きなオイルポンプに交換しただけでは、ほとんどメリットはない。低いエンジン回転数で規定の油圧に達して、レギュレーターバルブが早く開くだけである。しかし、チューニングによって高速回転化し絶対油量が不足する場合には、潤滑システムの見直しの一環としてポンプ容量の拡大を検討すべきである。本格的なレーシングエンジンでは、循環油量は120ℓ/分にも達するが、2ℓクラスのエンジンなら50ℓ/分程度である。一般に、オイルポンプの容量には余裕があり、低中速域からレギュレーターバルブが開いて油圧は一定になる。吐出圧が一定なら通路面積を大きくしない限り、それ以上要潤滑部位への供給油量は増えない。

　前項で取り上げたようにオイルギャラリーを太くしたり、オイル供給部の穴も拡大すると、ポンプの容量が追いつかずレギュレーターバルブが開いて規定の油圧に達する回転数が高くなってしまうことがある。これがオイルポンプを大きくするかどうかのひとつの目安になる。また、ピストンを冷却するためにオイルジェットがある場合、ノズルの噴孔を大きくすると、オイルの循環量は飛躍的に増大する。オイルジェットには直接メインギャラリーからオイルが供給されるためポンプの容量が十分でないと、ここでの噴射量が増えれば、ベアリングなどへの給油量が減ってしまう。これによって、潤滑が厳しいコンロッド・ベアリングを焼き付かせることが多い。

図1　フロントカバーに組み込まれたオイルポンプ（内接多数歯トロコイドポンプ）

フロントカバーに組み込まれているオイルポンプは、フロントカバーがハウジングの一部を形成しているので、容量の大きいものと交換するのはまず不可能である。外径が制限されていても、ポンプのギアを厚くして、その分深いハウジングを使えば容量を増やすことができる。だが、ちょうど合う部品が手に入るとはかぎらず現実的ではない。しかし、ポンプが単体で機能を果たすようになっている場合は、比較的簡単に交換することができる。同じエンジン系列で4シリンダーと6シリンダーがある場合には、前者に容量の大きい後者のポンプを付け替えられることがある。だが、容量が増えればオイルポンプ駆動ギアの負荷も増大するので、歯の強度が確保されていることを確かめておく。

もし、容量の大きなポンプと交換できる場合には、オイルストレーナーからポンプまでのサクションパイプを太くする。ここで絞られるとポンプ内でキャビテーションが発生して、油量が増えないことがある。管径の目安としては流速が同じであれば問題ないはずなので、流量の増加割合の1/2程度太くすればよい。また、吐出側のギャラリーが細いと判断された場合は、前項の要領でここも拡大しなくてはならない。しかし、ヘッドへの油量は増やす必要はない。もし、潤滑系を再レイアウトするときには、ひとまわり大きなエンジンのギャラリーなどの寸法を参考にするのが無難である。油量が増えればオイルフィルターの濾過抵抗も問題になるが、これもより大きなエンジンに使われているのなら、そのままにしておいてもまず大丈夫であろう。そして、使用条件に適したオイルを選定し、汚れたりガソリンで希釈される前に交換するのがもっとも大切である。

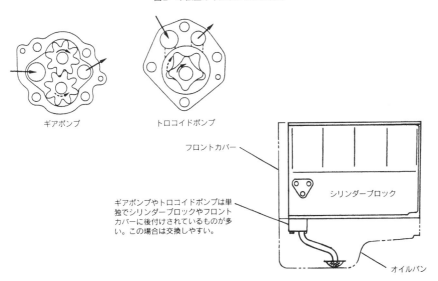

図2　単独型オイルポンプの装着例

ウォーターポンプを容量の大きなものと交換した

　チューニングによってパワーが増大するのは、シリンダー内での発熱量が増えるからである。シリンダー内のガス圧力が高くなれば、図示有効圧力が大きくなり図示トルクが増大する。また、回転数を上げれば図示有効圧力が同じでも、単位時間内に発生する熱量はそれに比例して大きくなる。フリクションの低減も重要であるが、まずピストン仕事の増大が基本である。シリンダー内の発熱量が増えガス温度が上がれば、冷却系への放熱量も増大する。エンジンからの放熱量Qはウォータージャケット入口の温度をT_{in}、出口温度T_{out}、冷却水の比熱c、比重ρ、循環量をWℓ/minとすると、Q = cρ(T_{out} − T_{in}) Wkcal/minとなる。一方、燃焼室やシリンダーなどの壁面と冷却水との温度差が一定でも、熱交換量は流速の0.3～0.5乗に比例して増大する。そして、流速は循環量に比例する。これらから、循環量Wを増やすと放熱量が増大することが分かる。

　また、ラジエターを大きくしなくても、循環量が増えれば次からつぎへとコアへ熱い冷媒が送られてくるため、チューブやフィンの表面温度が上昇する。これによって、コアと外気との温度差が大きくなるので、ラジエターの放熱特性も改善される。このように、冷却水の循環量を増やせばホットスポットの発生やオーバーヒートの防止に効果があるが、ウォーターポンプの容量を大きくすれば即対策に直結するとは限らない。ポンプ容量が増えると循環系の抵抗により、圧力損失

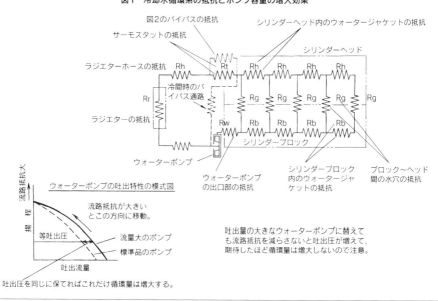

図1　冷却水循環系の抵抗とポンプ容量の増大効果

吐出量の大きなウォーターポンプに替えても流路抵抗を減らさないと吐出圧が増えて、期待したほど循環量は増大しないので注意。

が増大する。とくにラジエターの出口からポンプの入口までの抵抗が相対的に大きくなれば、ポンプが冷媒を強引に吸おうとしてキャビテーションを起こすことがある。キャビテーションが発生すると、ポンプは液体の冷媒を吸えなくなり機能しなくなってしまう。この対策としてラジエターの加圧キャップの開弁圧を上げ、冷却系内の圧力を高くするのも効果がある。しかし、あまり上げすぎるとホースのパンクやシール部からの冷却水の漏れが発生しやすくなる。その他にもLLCの濃度を高くすればキャビテーション防止効果があるが、濃くすると比熱と比重が小さくなるので前式のQは小さくなり、かえって冷却性能が低下する。

また、サーモスタットの流路面積が不足していると、循環量が増大しないのでこれも大きくした方がよい。しかし、リフトや径の大きなサーモスタットが手に入らない場合には、ウォーミングアップにはね返りがあるが、図2のようにバイパスを設けるとよい。ただし、その径は最低限とする。ポンプの吐出部からウォータージャケットへ入る部分の面積も、循環量に比例して大きくする。ひとまわり大きなウォーターポンプと交換した場合には、ラジエター出口とウォーターポンプのインレット部の径が合っていないと、冷却水がスムーズに流れないばかりでなく、ホースの抜けなどのトラブルを起こしやすい。10%以下の流量の増大なら、ポンプの容量を大きくしなくても、その回転数を上げることで対応できることがある。ウォーターポンプ・プーリーの径を少し小さくすれば、ポンプの回転数が大きくなる。だが、ポンプの回転があまり高くなりすぎると、ベルトの寿命が短くなったりキャビテーションの発生の恐れがあるが、手軽で現実的な方法である。

図2　サーモスタットの抵抗の低減

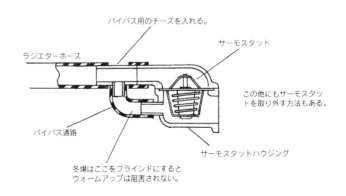

バルブスプリングを強くした

　エンジン回転数を上げようとすると、バルブの不整運動が問題となる。図1のようにジャンプやバウンスが発生すると、バルブの折損が発生しエンジンブローにもつながる。バルブのリフト方向をプラスとすると、マイナス方向の加速度はバルブスプリングで得ている。回転数が高くなるとバルブの作動時間が短くなるので、それに逆比例してバルブの加速度は大きくなる。ところが、バルブスプリングの力が不足すると、カムプロフィールになぞってマイナスの加速度を発生できなくなる。バルブの作動中に正規のリフトカーブから離れるのがジャンプ、バルブがシートに激突し何度か跳ね上がるのがバウンスである。これを防ぐには、①バルブスプリングを強くする、②バルブを軽くする、③バルブリフトを小さくする、④バルブ作動角を大きくする、という方法が考えられる。②と④は技術的に限界があり、③は出力を損なう。

　理想は①、②、④の合わせ技であるが、現実的なチューニングとしては①が多く用いられる。その手段としては　a）強いスプリングに交換する、b）スプリングの下にスペーサーを入れ取り付け荷重を大きくする。いずれの方法でも初期荷重およびリフト中の荷重が大きくなり、バルブの不整運動をなくしたり小さくすることができる。しかし、このときの共通の問題点はカムとタペットの磨耗、フリクションの増大、スプリングの折損、バルブシートとバルブの傘部の磨耗などである。スペーサーを入れてスプリング荷

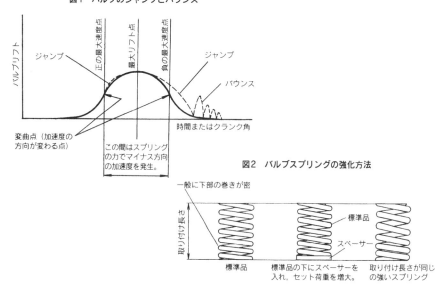

図1　バルブのジャンプとバウンス

図2　バルブスプリングの強化方法

重を増やした場合はスプリングのバネ定数は変わらないので、サージングが発生する回転数は同じである。スペーサーを厚くして、バルブがフルリフト時にスプリングが密着する寸前になるようにすれば、サージングを小さくすることができる。サージングは図3のように、スプリングがそれ自身の質量とバネ定数で決まる固有振動数で、粗密波の振動をする現象である。このとき、スプリングはほとんどバネとしての機能を失ってしまう。また、バルブの着座時の面圧が上がるので、気密性は若干改善される。

　バルブの端部はステライト盛りなどがされていて比較的磨耗には余裕があるが、カムとタペットとの接触部の面圧増加は磨耗に対してかなり厳しい条件となる。抜本的にはカムのベースサークルとタペットの径を大きくできれば、同じ接触面圧を維持できるが、大改造になりま

ず不可能である。したがって、磨耗対策としては消極的な方法を取らざるを得ない。まず、スプリングが強くなればバルブの沈みが助長され、バルブクリアランスの調整が必要になる機会が増える。バルブクリアランスを大きくしすぎると、急激な突き上げが起こり大きな力が加わるので、適正な値に注意深く調整する。ラッシュアジャスターが付いている場合は、分解時に内部に空気が入らないように、とくに気をつける。つぎに、カムの磨耗が激しいのはアイドリング時であるので、長時間のアイドリングを避ける。アイドリングや極低速時にはバルブの慣性力が小さいので、カムがバルブをこじ開けようとする力を緩和できないからである。また、エンジンオイルは良質のものを用い、惜しまずに交換する。それでも、動弁系の磨耗は大きくなるが、現実的な範囲なら妥協せざるを得ない。

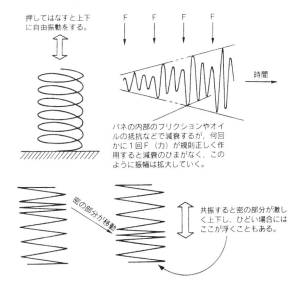

図3　バルブスプリングのサージング

タペットやロッカーアームを細工して軽くした

　エンジンの高速化を阻む要因として、ピストン速度の増大、ベアリングの荷重と滑り速度の増大、燃焼や吸排気特性の変化などがあるが、バルブの不整運動はとくに深刻である。高速回転時にバルブがカムプロフィールに正確に追随して運動するためには、大きな加速度が必要になる。カムおよびバルブスプリングから力を受けて運動する部分の等価質量をM、その力をFとするとバルブの加速度aは、$a = F/M$となる。大きなaを得るためにはFが同じなら、Mを小さくする必要がある。そこで、動弁系の往復あるいは揺動する部分は、剛性を確保しながら軽量になるように設計されている。

　前項で説明したように、プラス方向（バルブの開き方向）の加速度はカムで発生させるので磨耗が許されるならば、もっと力を大きくして加速度を増大させることは可能である。しかし、マイナス方向の加速度はスプリングの力によっているので余裕は少ない。一般に実用エンジンの場合、カタログに示されている最高回転速度に対し、DOHCならば回転数で10～20％のオーバーランを見込んでいる。これは、シフトミスなどで瞬間的に回転が上がっても、ジャンプやバウンスが起こらないようにするためである。チューニングにより使用回転レンジが広がればさらに余裕が必要になる。もし、タペットやロッカーアームを軽量化できれば、それに応じて使用回転数を上げることができる。だが、強度と耐久性を維持しなければ、バルブとピストンとの干渉

図1　タペットの軽量化の留意点

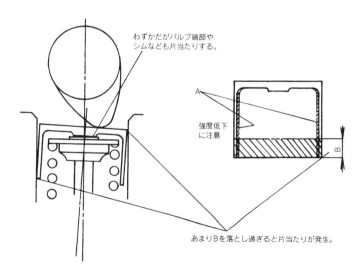

も起こしかねない。

　タペットを軽量化する場合、カムによってたたかれる天井部分は強度的に削ることはできない。図1のように胴の部分Aか下端Bを削ることが多いが、Aを削りすぎると、胴部が変形してタペットガイドをかじったり焼き付きを起こす。また、加工中に塑性変形することもある。材質や胴の径にもよるが1.2mm程度の肉厚は残しておきたい。タペットのスカートであるB部を短くしすぎると、リフト中に傾いてガイドの内面に傷をつけたり動きにしぶりが生じたりする。タペットの座りを考慮すると長さ/径の比を確保しなくてはならず、これを10%も小さくするのは冒険である。タペットはピストンと異なり、回りながら往復運動するため、下端の一部だけを短くするわけにはいかない。そこで、図2のように少しなら胴の部分に穴をあけることも有効である。

これらの対策を合わせて適用してタペットを軽量化するのが現実的である。

　バルブの作動時にはロッカーアームには必ず曲げモーメントと剪断力が働いている。カムでロッカーアームを押し下げたとき、これが変形したらバルブは正確な動きをすることができない。ロッカーアームを軽量化するときは、支点から離れたところを削った方が回転モーメントの低減効果は大きい。図3のように支点から遠い部分に余裕があるのなら、ハッチングのように滑らかに削るのがよい。また、(b)のようにアームの中間にロッカーシャフトがある場合、この周囲は曲げによる応力が大きくなる部分であり、ここの剛性が不足するとバルブの正確な動きが期待できなくなる。しかも、支点の近くの質量は回転モーメントに与える影響は小さいので、この部分は削っても効果は少ない。

図2　タペットの軽量化例

図3　ロッカーアームの軽量化例

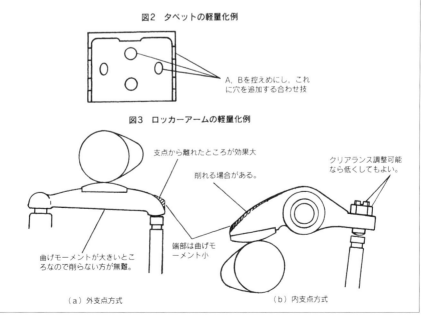

(a) 外支点方式　　　　　　　　　(b) 内支点方式

オイルタペットをシム式に変えた

カムで直接タペットを押してバルブを作動させる直動式の動弁系でも、オイルタペットを採用しているエンジンが多い。これは、バルブクリアランスを常にゼロに保ってバルブ騒音を減らし、また間隙の調整の必要がないのでメインテナンスフリー化にも寄与する。だが、直動式の場合はゼロラッシュ機構はタペットの中に組み込まれているので、タペットは重くなり高速回転には不利であり、スペース的にも図1のように、若干長くなる。だが、オイルタペットは重量よりもバルブの正確な作動の点でエンジンの高速化にマイナスが多い。まず、作動原理を説明すると、タペットがカムのベースサークルと接しているとき、すなわちバルブがリフトしていないときに、シリンダーヘッドに設けられたオイルギャラリーからオイルが逆止弁を押し開いて油圧室に充満する。プランジャーが押し出されてバルブの端部と接して、カムとタペットとバルブとの間の総間隙をゼロにするようになっている。タペットがカムによって押し下げられると、油圧室に閉じ込められた非圧縮性のオイルが剛体となってその力をバルブに伝える。

ところが、オイルの中には微量ではあるが、可圧縮性の空気が含まれていて、これが圧縮されるまでバルブの作動が遅れる。バルブの作動中にプランジャーの周囲からオイルがリークする。また、高速になるとオイルギャラリーから油圧室へのオイルのチャージが間に合わなくなる、などの問題がある。したがって、確

図1　オイルタペットの構造　　　　　図2　ソリッド型タペットへの改造方法

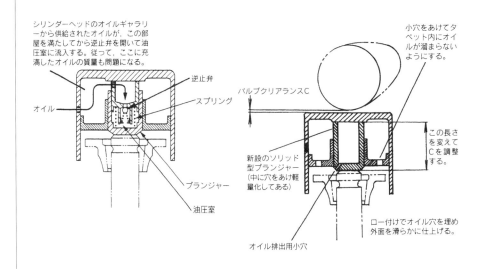

実なバルブの作動が必須の本格的なレーシングエンジンには使われない。そこで、図2のようにプランジャーを作り替えて油圧室をなくしソリッド型にすれば、自動調整機能はなくなるがこの部分の剛性は大きくなる。この場合、ステムの熱膨張やシートの磨耗などでバルブが突き上げられて開いたままにならないように、逃げとしてバルブクリアランスが必要になる。ところが、図3のようにクリアランスを設けるとカムが同じなら、バルブの作動角が小さくなってしまう。エンジンの高速の伸びを改善するためには、バルブ作動角を大きくしなくてはならないので、これとは逆行である。また、緩衝曲線の部分のリフトは小さいので、これがクリアランスの部分に含まれてしまい、本来の衝撃緩衝機能を果たせなくなる。バルブの開き始めの強い突き上げと、シートに着座時の激突によりバルブを破損する危険性があり、騒音も大きくなる。あまりすすめられないが、ごくわずかクリアランスを設け、これがなくならないように、頻繁にバルブクリアランスを調整する方法もある。

本格的な対策としては、カムシャフトもつくり替え緩衝部も大きくして、クリアランスがなくなってからの作動角を同じにすることである。ついでに、高速仕様のカムプロフィールにするのなら、チューニングの効果を最大限に引き出すことができる。また、ロッカーアーム式で支点のピボットの中にゼロラッシュ機構が組み込んである場合は、ここをソリッド化すれば高速時のバルブの作動特性が改善される。もし同じエンジンファミリーで自動調整機構の付いていないものがあり、そのカムシャフトのプロフィールを測定して作動角やリフトが適正であれば、交換するのが簡単な方法である。

図3　バルブクリアランスCによるバルブリフトおよび作動角の変化

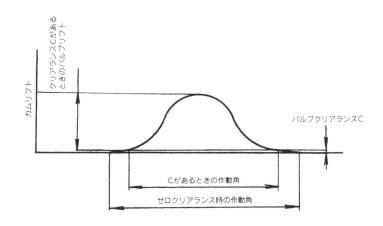

燃焼室を削って吸気や排気の流れを改善した

バルブシートの周りの燃焼室壁が吸排気時の抵抗となる。とくに4バルブエンジンでは、燃焼室の投影面積に占めるバルブの傘部の面積の割合が大きく、傘の一部が壁面と接近していることが多い。バルブの傘の径が大きくなれば、なおさら壁面によるマスキングが問題となる。図1のようにバルブがリフトしても、有効な流路面積を確保できない。すなわち、前に説明したカーテンエリアが実質的には狭まってしまう。これを回復するように燃焼室壁をグラインダーで削って修正すれば、若干ではあるが吸排気の流量係数（バルブの各リフト時の流量とバルブがないときの流量との比）を改善することができる。しかし、よく全体を見ないで局部的な修正に終始すると、吸排気特性が改善されないばかりか、圧縮比の低下により、かえってマイナスの結果になりかねない。

例えば、図2の（A）のように燃焼室の壁面とシリンダーとがほぼ一致しているとき、修正してもまず大きな効果は得られない。バルブが開き始めたとき、吸気がえぐられた壁面に沿ってするりとシリンダーに流れ込むので、吸気抵抗が小さくなるように思える。しかし、バルブのリフトが小さいときには、傘部と壁面より傘とシートとの間の抵抗が支配的で、これが律則となる。さらにリフトが大きくなるとシリンダー壁とバルブの傘とが近づき、えぐった部分は流れを複雑にするだけである。だが、極端に傘部の一部と燃焼室壁とが近づいている場合（例え

図1 燃焼室壁面によるマスキング

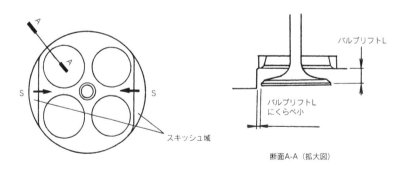

断面A-A（拡大図）

ば2mm以下）は、傘の周囲とシートとの距離および壁面との間隔、接近している部分の周長とのバランスを考えながら削ると流量係数は改善される。ところが、(B)のようにシリンダーより燃焼室壁面が内側にある場合には、リフト量とほぼ等しくなるように壁面の一部を削るのが理に叶っている。しかし、スキッシュ特性が変化するので、燃焼へのはね返りが懸念されるが、一般にスキッシュはこれと直角方向（図1のS）の部分で発生させるので、影響は小さいと考えられる。

私の経験では吸気バルブの傘部と極端に接近している壁面を少し削って、ヘッドを単体で流量テストをした結果、数%の流量係数の改善を得たことがある。燃焼室の形状とバルブの大きさにもよるが、図3のようにバルブの中間リフト時の流量特性が改善される場合が多い。これによって、シリンダー内のガス流動特性が微妙に変化することがある。だが、点火時期の見直しで解決できるくらいのレベルである。また、燃焼室の一部が削り取られることで圧縮比が低下する。もし、それが著しければヘッドガスケットを薄くして所定の圧縮比に合わせるべきである。だが、常識的には圧縮比に影響が出るほど削らないでもよい場合がほとんどである。排気バルブの周りと燃焼室壁との間隔は吸気の場合ほど敏感ではない。それは、排気バルブの傘径は吸気バルブより小さく、壁面との間に余裕があることと、バルブの前後の圧力差が大きく異なるためである。この他に吸気バルブ同士が接近していて、二つのバルブからの吸気が干渉し合うことがあるが、エンジンのレイアウト上の問題であり、対策の施しようがない。強いていえば、接近していない部分の流れを改善するように燃焼室壁面を削って、補うのが現実的である。

図2　燃焼室壁面のバルブ周りの流れの改善

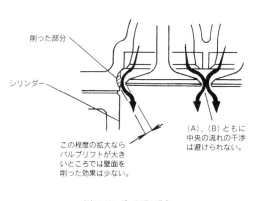
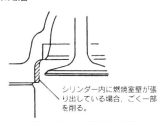

(A) シリンダーと近い場合

(B) シリンダーと離れている場合

図3　マスキング部分を取り除いた効果

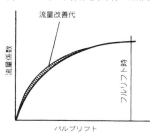

シリンダーヘッドの下面を削って圧縮比を上げた

　燃焼室の容積を減らす手軽な方法は、ヘッドガスケットを薄くすることである。だが、現実的に薄くできるのは0.1～0.4mm程度であり、これだけでは圧縮比を上げるのに限度がある。例えば、ストロークが80mmで圧縮比が10の場合、ガスケットを0.1mm薄くすると圧縮比は0.1ほど高くなる。したがって、この方法ではどんなに頑張っても、圧縮比は0.4程度しか上げることができない。もちろん、初期の圧縮比がもっと高かったりストロークが短かければ、ガスケットを薄くした効果は相対的に大きくなる。

　既製のシリンダーヘッドを用い圧縮比をもっと高くするためには、その下面を削って燃焼室を浅くする。この方法だとガスケットでは実現できなかった高い圧縮比にすることが可能である。だが、ヘッドの下面を削れば必ずバルブとピストンが接近する。バルブオーバーラップ中およびバルブが不整運動をしたとき、ピストンと干渉しないことを慎重に確認しておく。このとき、オーバーランによるバルブのジャンプやバウンスに対して、図面上で数ミリの余裕をとっておいた方がよい。加工に先立ちシリンダーヘッドに組み付けられている部品をすべて取り外す。つぎに、ヘッドをフライスのベッドに正しくセットして下面（底面）を所定の厚さだけ削る。このとき加工面の高い仕上げ精度が必要である。研磨すればさらに気密性が向上する。加工がすんだら図2のように直定規を7個所に当て、シックネスゲージを入れて平面度を測定す

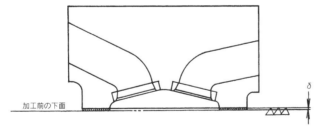

図1　シリンダーヘッド下面の研削による圧縮比の上げ方

加工前の面と平行にδだけ削る。これによりカム軸とクランク軸がδだけ近づき、バルブタイミングが若干遅れるが誤差の範囲である。むしろバルブとピストンとの間隔がδだけ小さくなるのに注意。

図2　直定規の当て方

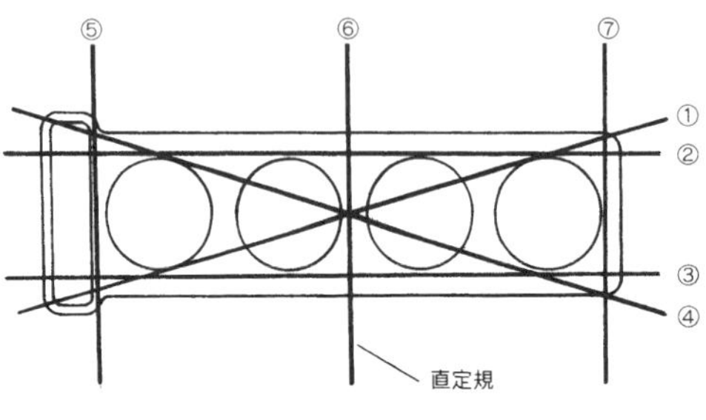

①～⑦のように直定規を当て、ヘッドとの間隔をシックネスゲージで測定する。

る。このとき、0.05mm以下なら問題はない。また、各燃焼室の深さをノギスで測り、深さのばらつきがないことを確認する。ヘッドをフライスにセットするとき底面が刃の回転軸と三次元的に直角度が出ていないと、燃焼室容積にばらつきが生じる。もし、それが小さければ、燃焼室の壁面をグラインダーで削ってボリュームを合わせることで、問題のないレベルに修正することが可能である。

　ここで、燃焼室の容積を測定する方法について触れておく。ヘッドに吸排気バルブと点火プラグを組み付け、底面を上にして水平に置く。燃焼室の中に蒸発しにくく且つ表面張力の小さい液体、例えばミネラルターペンをビューレットで測定しながら滴下し、液面が底面と一致したときの体積を求める。だが、これはヘッド側の燃焼室容積であり、ピストンが上死点にきたときの燃焼空間ではない。

圧縮比を計算するときの真の燃焼室容積Vcは、これにガスケット部分の容積とトップリングから上のピストンとシリンダーとの隙間の容積を加えたものである。ピストン周りのグルーブの容積を実測するとき、トップリングから下にグリースを塗って液滴をたらすと液の漏れを防ぐことができる。もちろん、ピストンのトップランド径とシリンダー径とから計算によって求めてもよい。燃焼室容積Vcが求められたら、これとひとつのシリンダーの行程容積Vhとから圧縮比 $\varepsilon = (Vc + Vh)/Vc$ から計算する。これが所定の値になっていることを確認する。もし、計画と違った値になっていたら、バルブの沈み方によってもVcが異なるので、バルブの擦り合わせが正しく行われているか、燃焼室内のカーボンなどの堆積物をきれいに取り除いてあるかなど検討し、修正するとうまく合うことが多い。

図3　シリンダーヘッド側の燃焼室容積の測定方法

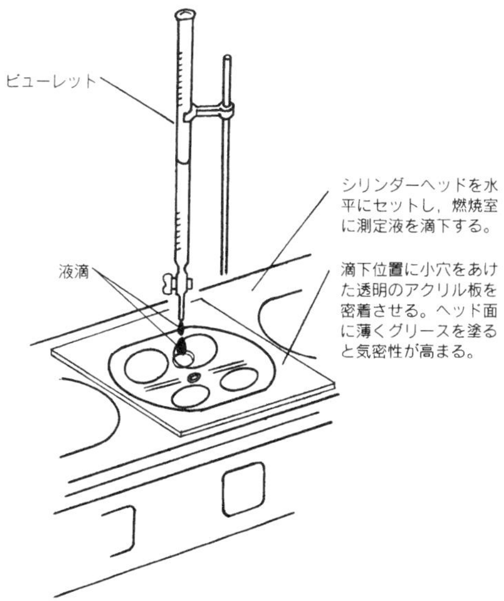

ビューレット

液滴

シリンダーヘッドを水平にセットし，燃焼室に測定液を滴下する。

滴下位置に小穴をあけた透明のアクリル板を密着させる。ヘッド面に薄くグリースを塗ると気密性が高まる。

2ℓエンジンに1.8ℓ用のヘッドを載せ替えた

　同じエンジンファミリーなら排気量が異なっていても、シリンダーブロックとシリンダーヘッドとの取り付け関係や水穴の位置などが同じ場合が多い。そこで、圧縮比を上げるために排気量の小さなエンジンのヘッドに交換したり、ヘッドをより排気量の大きな首下（シリンダーブロックにクランクシャフト、コンロッド、ピストンを組み込んだもの）に載せ替えることがある。例えば、2ℓエンジンのヘッドを1.8ℓ用のものに替えたとする。もし、交換前の両エンジンの圧縮比、ピストンの冠面の形状、ヘッドガスケットの厚さが同じなら、これによって圧縮比はほぼ10％大きくなる。初めの圧縮比が10であったとすると、容易にこれを11にすることができる。

　だが、1.8ℓのヘッドの吸排気バルブ径およびポート径が2ℓエンジンのものより小さければ、これを大きくしない限り安易に交換すべきではない。もし、このような場合には図2のように中低速トルクは大きくなるが、高速になると急激に低下する。吸入できる空気量が1.8ℓエンジンとほぼ同じになるので、理論的には図示出力の最高値は1.8ℓの場合に圧縮比を高めた分の上乗せしか期待できない。しかし、それを発生する回転数は低くなる。一方、フリクションは回転数の約1.5乗に比例して増大するので、正味出力（軸出力）は1.8ℓエンジンよりは若干大きくなる。

　つぎに1.8ℓより2ℓエンジンの方がシリンダー径が大きい場合には、スキッシ

図1　シリンダーヘッドの交換による安易な高圧縮比化

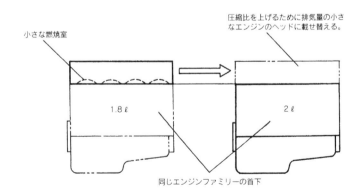

ュエリアが大きくなるのでガス流動が強くなり過ぎることがある。これと高圧縮比化とが重なりノッキングが起きMBTまで点火時期を進められなければ、トルクの改善はさらに目減りする。

逆に、2ℓエンジンのヘッドを使って1.8ℓエンジンのパワーアップを図る方が賢明である。2ℓエンジンのヘッドのバルブとポート径が大きく、さらに図3のように、排気量の小さなエンジンのシリンダーから燃焼室がはみ出さなければ、これを1.8ℓの首下に載せることができる。このときもっとも重要なのは圧縮比が下がらないように、前項で説明したようにヘッドの下面を研削して燃焼室の容積を所定の値に調整することである。また、薄いヘッドガスケットがあればそれを使い、なるべくヘッド下面の削り代を少なくしてロワーデッキの剛性を犠牲にしないようにする。つぎに、ヘッドフェース（ヘッドの両側面）のポートと吸排気マニホールドのそれとが異なっていてもマニホールドが車載可能なら、排気量の大きなものとこれと交換するのが手軽である。カムシャフトの位置が異なることがあるが、ヘッドの下面を削っているので多分1mm以内に収まるはずである。したがって、バルブタイミングに与える影響は誤差の範囲である。

カムシャフトはどちらかを選定して使えばよいが、カムリフトが異なる場合はバルブとピストンが干渉することもあるので、組み込む前によく検討しておく。これで吸入空気量は増大するはずである。だが、空燃比と点火時期のマッチングを行わないと出力特性は改善されない。ハードウェアの持つポテンシャルを十分に引き出すのが運転変数の最適化であり、チューニングはハードとソフトのバランスの上に成り立っているのである。

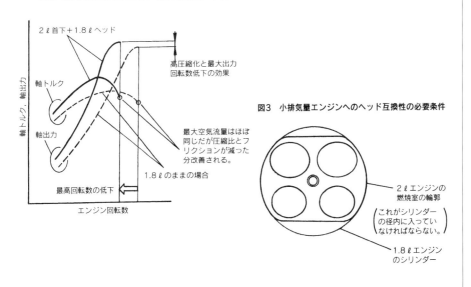

図2 吸入空気量が増大しない場合の排気量の影響

図3 小排気量エンジンへのヘッド互換性の必要条件

ピストンのバルブリセスを大きくした

バルブとピストンとの干渉は、ピストンが割れたり、バルブが折れて、これがピストンと燃焼室との間に挟まりピストンを破壊する。当然シリンダーも傷つき、また壊れたピストンの破片が吸気バルブを経由して他のシリンダーにも吸い込まれたり、エンジンオイルにも金属屑が混入してベアリングを傷める。さらに酷い場合にはコネクティングロッドが折れて、シリンダーブロックの壁に穴をあけることさえある。俗に、コンロッドが足を出すと呼ばれている。圧縮比が高い高性能エンジンではこれを避けるため、図1のようにピストンにはバルブの逃げ、すなわちリセスを設けていることが多い。

チューニングによりバルブの径を大き

くしたり、バルブリフトを増やした場合には、これに対応してピストンのバルブリセスを拡大することが必要になる。バルブがピストンにいちばん近づく瞬間は、排気行程終わりのピストン上死点時近辺である。このとき吸気バルブと排気バルブはオーバーラップして開いている。排気バルブは閉じつつあり、吸気バルブはリフトを取り始めている。どちらも、カムプロフィールにしたがって運動しているのなら、リセスはぎりぎりの大きさでよいが、不測のバルブのジャンプやバウンスに対して、余裕を取っておくことが必要である。

バルブリセスの拡大のはね返りは、圧縮比の低下、燃焼空間の複雑化およびピストン強度の低下である。圧縮比の低下

図1　高性能エンジン用ピストンのバルブリセスの例

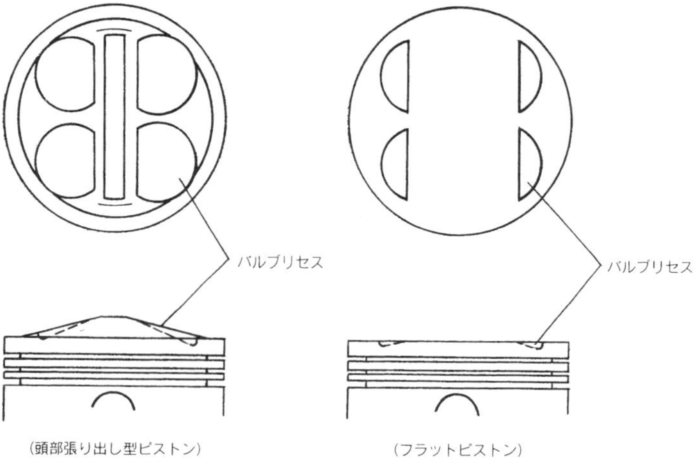

（頭部張り出し型ピストン）　　　　　（フラットピストン）

を防ぐためにはピストンの他の部分を出っ張らすか、燃焼室の壁に肉盛りをするかであるが、ともに素材からつくり直さなければならず現実的ではない。ヘッドの下面を研削したりヘッドガスケットを薄くしても、またバルブがピストンに近づくだけで解決方法にはならない。したがって、リセスの大きさを図2のように必要最低限にして、圧縮比の低下を少なくするのが賢明である。

リセスが深くなることによるガス流動の抑制や炎の伝播空間の複雑化、表面積の増大はエンジン性能の大敵であるが、これもリセスを必要最小限にする消極的な対策しか手はない。本格的なレーシングエンジンを設計するとき、バルブリセスは常に問題となる。これを小さくするためにバルブスプリングに空気バネを用いて、バルブのジャンプやバウンスを抑えるほどである。

既存のピストンのバルブリセスを深くすれば、当然肉厚が薄くなる。また、リセスの先端の隅に応力が集中するので、アールをつけてその緩和を図る。しかし、あまり大きくすると、その裾野の部分がバルブと干渉するので危険である。私は図3のようにバルブオーバーラップ中のリフトを小さくしても、バルブリセスは深くしないようにすべきであると考える。一方、バルブ径を大きくした場合にはそれに応じた最小限のリセス径の拡大は止むを得ない。

エンジンの性能はいろいろなパラメーターが微妙に影響し合って得られた結果である。チューニングによって一部分を変えることで、抜本的に性能が向上することは稀である。バルブ径やバルブリフトの増大は吸排気効率を高めるが、はね返りが大きいので、全体のバランスを考えながら行うようにすべきである。

図2 バルブ径またはリフトを拡大したときのピストン冠面のリセスの見直し

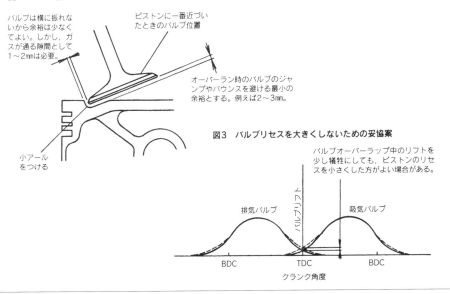

図3 バルブリセスを大きくしないための妥協案

ピストンの頭部を張り出させて圧縮比を上げた

　ショートストロークの高圧縮比エンジンでは燃焼室の容積を小さくするために、ピストンの頭部をトップランドから出っ張らせたものが多い。ロングストロークの場合は相対的に燃焼室の高さが低くなるので、フラットピストンでも圧縮比を高くできる。バルブ径を大きく取り、ピストンスピードを抑えるためにストロークを短くすれば、圧縮比を高くするのが難しくなる。一方、高性能エンジンほど圧縮比を上げてパワーを絞り出さなければならず、NAエンジンでは高圧縮比化がチューニングの中心になる。

　ここで、生産エンジンに組み込まれていたピストンの冠に溶接で肉盛りをするのは不可能である。溶接時の温度でピストンが歪んだり、材質が変化したり、形状や重量にばらつきが出たりして、まず使いものにならない。もし、チューニング用の高圧縮比型のピストンがあれば、グレードやオーバリティなどを調べた上で、これに交換するのがよい。ところが、アフターマーケット用として市販されているピストンの中には精度が劣るものがあるので、気をつけた方がよい。高性能エンジンではピストンが命である。チェックポイントとしては全体の形状、グレードやオーバリティの他に、スカート部のプロフィール、リング溝の加工精度、ピンとピン穴との嵌合状態、表面の粗さや処理の状態、重量、重心の位置、各部の厚さ、張り出し部の体積、そして材質がピストン材（例えばAC8A―T6）であるかなど、強度確保を含めて設

図1　組み込み前のピストンのチェック個所

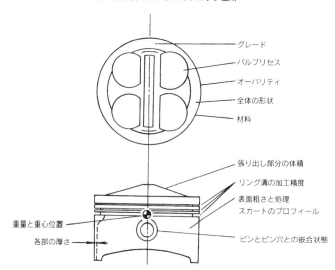

計者が気にするところすべてである。も
し、張り出し部を創成できる加工前の素
材が入手でき、専門メーカーで加工する
のなら、問題はないであろう。そのとき
重要なのは、張り出し部の形状とバルブ
リセスの設計である。ついでにリングの
数や幅を変えることも可能である。トッ
プランド、セカンドランド、サードラン
ドの径やプロフィールなどは既存のもの
に合わせておくのが無難であるが、自分
の考えを入れたいところはきちんと図示
しておく。ここで忘れてはならないのが、
公差である。例えば、リングと溝との間
隙が所定の値（0.05〜0.10mmなど）になる
ように、使用するリングのばらつきを把
握して溝のばらつきの範囲を決める。

　ピストンの頭部を出っ張らせれば、少
しではあるが重心点は上方に移動する。
これによってピストンの首振りが大きく
なるので、シリンダーとの当たりが変化

する。場合によっては若干プロフィール
を変えたり、他と干渉しない範囲でスカ
ートを少し伸ばして対策をした方が手っ
とり早いことがある。スカートを延長す
るときには、ピストンが下死点にきたと
きにカウンターウェイトと干渉しないよ
うに2mmくらいの余裕が必要である。ま
た、少しではあるがピストンの重量が増
えるので慣性力も大きくなるが、ベアリ
ングメタルを替えるほどのことはないで
あろう。ピストンの頭部が出っ張れば燃
焼室形状が変わり、燃焼特性が変化する。
圧縮比が上がってもヘッド側の燃焼室と
ピストンの頭部とで区画される空間が偏
平になりすぎると、火炎の伝播には不利
になる。ガス流動の減衰が大きくなり、燃
焼にばらつきが出たり、ひどい場合にはノ
ッキングが発生する。シリンダー径が大き
い場合は小径のときより燃焼空間を厚くす
ることでこれを避けることができる。

図2　ピストンとクランクシャフトとの干渉

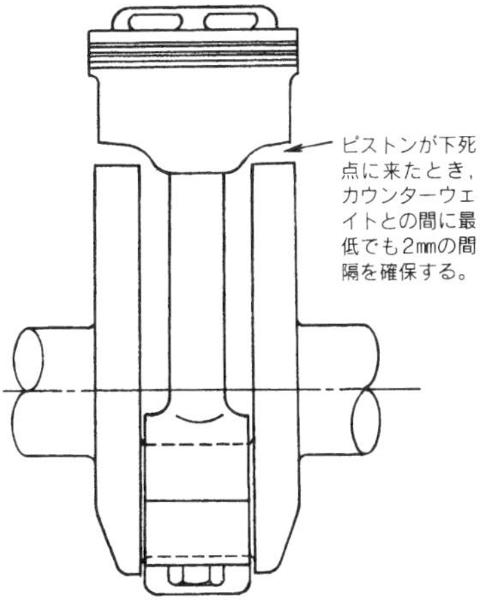

図3　動的な燃焼空間の確保

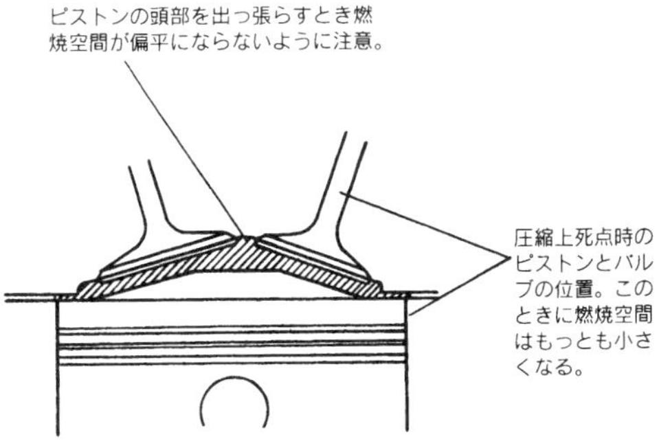

ピストンが下死
点に来たとき，
カウンターウェ
イトとの間に最
低でも2mmの間
隔を確保する。

ピストンの頭部を出っ張らすとき燃
焼空間が偏平にならないように注意。

圧縮上死点時の
ピストンとバル
ブの位置。この
ときに燃焼空間
はもっとも小さ
くなる。

161

ドライサンプ式に変更した

　実用車のエンジンでは、オイルパン内のオイルをプレッシャーポンプで直接吸い上げ、エンジン各部に圧送している。オイルパンはエンジンの底を形成し、オイルの貯蔵タンクと冷却器の機能を果たしている。だが、強烈なGがかかる本格的なレーシングカーでは、ドライサンプ方式が採用されている。これにより、オイルパンやクランクケース内のオイルの偏りや、飛び上がったオイルが高速で動くピストンやクランクシャフトの抵抗となり、フリクションが増大するのを防ぐことができる。オイルパンが浅くなれば、その分クランクシャフトの中心を下げられ、車載時のエンジン重心位置も低下する。また、ボディの空力特性を改善する余裕も生まれる。さらに、オイルの冷却にとっても有利である。

　そこで、高度なチューニングのひとつであるが、ウエットサンプをドライサンプ式に改造することがある。この場合、オイルパンの構造変更、スキャベンジポンプとその駆動系およびオイルリザーブタンクとオイルキャッチタンクの新設、オイルクーラーへの配管を含めパイピングの追加など、かなり大がかりな改造となる。図1でドライサンプシステムに変更するときの概要を説明する。ドライサンプの基本的な考えは、オイルパンに潤滑油を溜めずクランクケース内を負圧に保つことである。図のようにクランクシャフトの回転方向下流のオイルパンの隅からスキャベンジポンプで、オイルをブローバイガスや空気などと一緒に吸引す

図1　ドライサンプシステムへの改造例

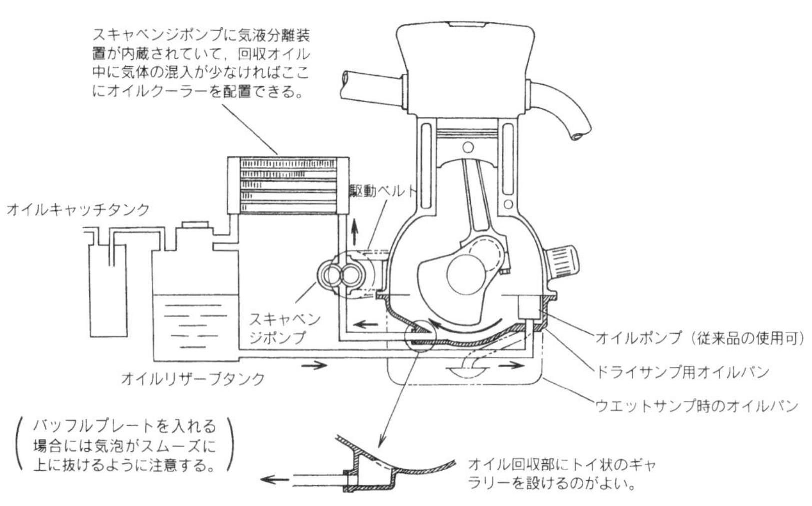

る。したがって、スキャベンジポンプの容量は潤滑油を圧送するオイルポンプの1.5～2倍程度は必要である。

　スキャベンジポンプに図2のように気液分離機能をもたせてある場合は、かなり気泡を減らしたオイルをリザーブタンクに送ることができる。したがって、その途中にオイルクーラーを配置しても、気泡による放熱効率の低下は少なくてすむ。オイルポンプとオイルギャラリーとの間にオイルクーラーを入れるより、こうした方が潤滑部分までの油圧低下を小さくすることができ、また高圧用のホースを使う必要もなくなる。リザーブタンクはオイルポンプに吸引されるまでのわずかな時間オイルを貯留し、まだ残っている気泡を取り除き、オイルの温度をさらに下げる。例えば、油量が7ℓ、循環油量が60ℓ/minならば、オイルがリザーブタンクに滞留する時間は平均7秒となる。公道を走行する自動車ではブローバイガスの排出は禁止されているので、リザーブタンクの息抜きは最終的にはエンジンの吸気系に開放されていなくてはならない。だが、サーキット走行だけをする場合にはオイルキャッチタンクを装着し、オイルを捕集してスキャベンジポンプが吸引した気体だけを外部に放出させる。ドライサンプシステムのメリットを十分に引き出すためには、オイルパンからオイルをスムーズに排出することが大切である。そのためにはオイルパンの形状とスキャベンジポンプの容量の決定がキーとなる。ドライサンプ化により安定した潤滑を実現でき、またクランクケースの中にオイルを残さず、ここを負圧に保つようにすればフリクションが減り出力が増大する。さらに詳細を知りたい方は、拙著「レーシングエンジンの徹底研究」もご参照いただきたい。

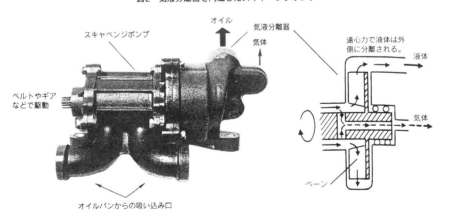

図2　気液分離器を内蔵したスキャベンジポンプ

誘導式の点火系をCDIに替えた

　標準仕様の誘導式の点火システムは、そのエンジンの回転域を十分にカバーできる点火性能をもっている。大量のEGRやリーンでも安定した点火が得られるように、点火エネルギーを混合気に注入する。そのエネルギーは、点火プラグのギャップを飛ぶ火花の電圧と電流と放電が続く時間の積である。混合気の状態がよければ、5mJ（ミリジュール、1mJは1／1000ジュール、なお1ジュールは約0.24カロリー）の点火エネルギーでも点火できる。しかし、実用エンジンではEGR時にも安定した燃焼を開始させるように、50mJ程度の点火エネルギーのものが多い。また、リーンバーンエンジンでは100mJのものもある。一方、点火エネルギーを大きくすると、点火プラグの電極の損耗が増大する。

　誘導式の放電特性は図1のように、まず点火プラグの電極間に電気が通る路をつくるために大きなブレークダウン電圧が発生する。これによって、電極間の混合気がイオン化して電気が流れやすくなるので、抵抗が減り電圧は低下する。そして、所定の点火エネルギーを供給するため一定時間電流は流れ続ける。これが持続時間というのは82頁で説明したとおりである。誘導式の点火システムでは点火エネルギーの大部分を持続時間中の誘導成分で供給している。

　ところが、必要な点火エネルギーを供給するためには、まず2ms（2ミリセコンド、2/1000秒）の持続時間は必要である。もし、エンジンが6000rpmの回転で

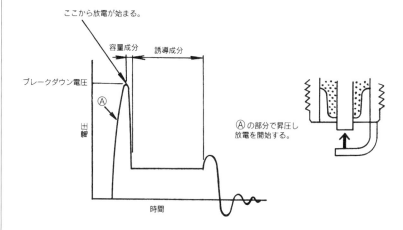

図1　誘導式の放電特性

あれば10msでクランクシャフトは一回転するから、2msでは1／5回転、すなわち72度も回ってしまう。混合気に火が点いてしまってから持続電流が流れても意味がない。

また、もしこの2msの間に燃焼が開始すればよいというのなら、高速時にはシリンダー内の圧力は大いにばらつくことになる。ちなみに、上死点前30°で点火し上死点後40°で燃焼が終了するとすれば、持続時間はほぼ燃焼時間に相当する。そこで、本格的な高速エンジンでは、瞬時に点火するようにCDI（コンデンサーディスチャージイグニッション）式の点火システムが多く用いられる。これは、図3のようにコンデンサーに蓄えられた電気エネルギーをごく短い時間に混合気に注入する。放電時間は100μs（0.1ms）程度であり、誘導式の場合の1／20の時間である。だが、この間に点火できる混合気を形成できることが前提である。

そこで、チューニングのひとつとしてCDI式に交換すると、高速回転時の点火には有利であるが、場合によっては低速時にはね返りがあることがある。

混合気の状態がよいエンジンでは瞬時に点火できるが、ブレークダウン後の持続時間中の追い打ちをかけるように誘導電流が流れている期間に火が点く場合もある。ある程度の点火時間を要する運転状態では、CDIは不利になる。拙著「レース用NAエンジン」にもある通り、私は耐久レース用のNAエンジンではCDIと沿面プラグを使用していた。全周が側方電極の沿面プラグは火花が飛びやすい方向に飛ぶので、安定した点火を得ることができる。

なお、点火系を替えたときには、エンジン制御装置に電波障害がないことを確認することが大切である。

図2　CDI式の放電特性　　　　　図3　沿面プラグの原理

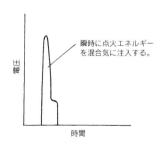

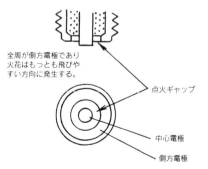

抵抗入りのハイテンションコードを抵抗のないものに替えた

　点火コイルとディストリビューターが別体になっている点火システムでは、点火コイルとディストリビューターおよびこれと点火プラグ間はハイテンションコードで結ばれている。また、コイルがディストリビューターに内蔵されている場合は、ここから各シリンダーへの配電部のみに高圧コードは使用される。高圧の電流による電波妨害を防ぐため、ハイテンションコードや点火プラグの頭部から中心電極までの間には抵抗が入れられている（図1）。その抵抗は点火性能に影響を及ぼすほどではないが5kΩ程度もあり、これが直列にいくつか挿入されていると、点火電圧の低下が気になることがある。実際に点火プラグに火花が飛ぶのを観察すると、抵抗が入っていないと青い火花が元気よく飛ぶが、抵抗入りの場合は少し赤みを帯びた火花となる。点火エネルギーの小さなシステムでは心細く感じることもある。しかし、火花が飛ぶ前の点火プラグのギャップの絶縁抵抗は桁違いに大きく、ブレークダウンに与える外部抵抗の影響はほとんどないといえる。だが、誘導放電が持続する間はギャップの抵抗が小さくなるため、相対的にハイテンションコードの抵抗による電圧低下は大きくなるが、点火性能を阻害するほどのものではない。

　むしろ、点火系から発生する電波による公害やエンジンマネージメントシステムに与える影響が心配である。本格的なレーシングカーや一部の高級車用エンジンでは、低圧配電式を用いている。これ

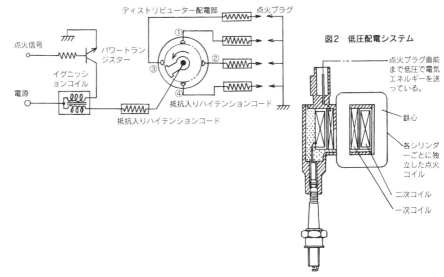

図1　抵抗入りハイテンションコード使用個所

図2　低圧配電システム

166

は、図2のように各シリンダーごとに独立した点火コイルを点火プラグの真上に取り付けてあり、ここまで低圧の一次電流を配電する方式である。したがって、高圧のハイテンションコードを引き回す必要がない。また、コイルと点火プラグを結ぶごく短い導通部分は、シリンダーヘッドの谷間や円筒状の点火プラグタワーの中を通るので、電波ノイズはうまくシールドされる。なお、この低圧配電式の点火システムは誘導式にもCDI式にも適用できる。

私は耐久レース用の高過給のターボエンジンには誘導式の低圧配電システムを、さらに高速型のNAエンジンにはCDI式の低圧配電システムを用いていた。したがって、長いハイテンションコードやディストリビューターはなく、コントロールユニット（エンジンマネージメントシステム）から直接一次電流が点火コイルに供給される。これで発生する二次電流のエネルギーは約40mJである。一方、ディストリビューターで高圧の二次電流を分配するとき、ローターの先端から各シリンダーへつながる側電極へ図3のようにギャップを放電して通電する。当然、ここでも電気エネルギーは消費されるので、点火エネルギーは目減りする。

他と差別化したチューニングをしたければ、低圧配電システムに替えるのもひとつの方法である。この場合は、コントロールユニットから各シリンダーに振り分けた一次電流を出力しなければならず、コンピューターの改造が必要になる。当然ハイテンションコードやディストリビューターの配電機能は不要になるが、クランク角度をセンシングする機能は必要である。また、低圧配電式はリークしやすい高圧部分の露出が少なくなるため、水濡れにも強くなる。

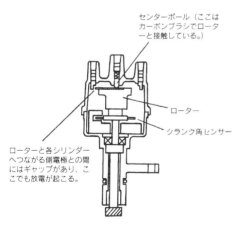

図3　クランク角センサー内蔵型ディストリビューター

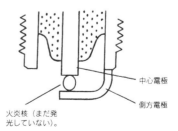

図4　燃焼開始前の火炎核の形成

オルタネーターやバッテリーを小さいものに替えた

　内燃機関は自分で始動できない。始動に際してはレシプロエンジンもガスタービンもジェットエンジンも、スターターによる駆動が必要である。そのスターターはF1などのように圧縮空気や窒素を使ったエアスターターもあるが、ほとんどは電動式である。昔の映画に出てくる自動車には、手動のクランクハンドルを差し込む穴がついている。また、二輪にはキック式やスプリング式の始動装置もある。ところが、今の自動車は法規により運転手が乗車したままでエンジンを始動できなければならない。始動には、大きなトルクを発生させて、エンジンを最小始動回転数（80〜100rpm）以上に駆動できるモーターが必要であり、そのためには大電流を供給できるバッテリーを搭載

しておかなければならない。また、エンジンマネージメントシステムには安定した電源が不可欠である。走るための動力源の確保のためには、始動とエンジンが消費する電力だけでよい。しかし、乗用車にはライト、ワイパー、熱線ウィンド、方向指示器やストップランプ、メーターや警報装置類、オーディオ、カーナビゲーションシステム、エアバッグの作動やエアコンディショナーなど実にさまざまの電気負荷がある。エンジンの運転状態によってオルタネーターとバッテリーおよび電気負荷との間の電力の授受関係は図1のように変化する。

　始動の他に、これらの消費電力をまかなえるオルタネーターの能力が要求される。しかし、エンジンが高速で回転して

図1　電力の授受関係

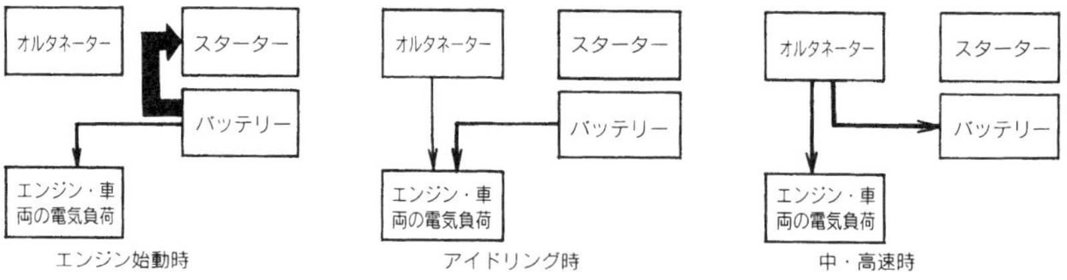

エンジン始動時　　　　　　アイドリング時　　　　　　中・高速時

注1．電気負荷が比較的大きい状態を示す。
注2．線の太さは電流の強弱を定性的に表す。

図2　オルタネーターの出力特性

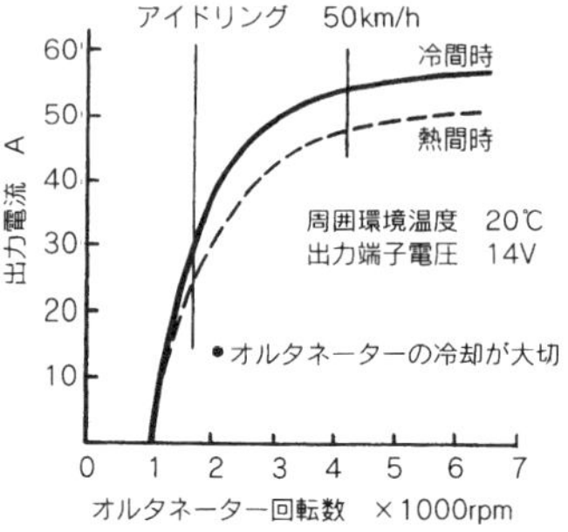

いるときには発電能力は大きくなるので問題は少ないが、アイドリングや低速時にも、バッテリーに蓄えている電気エネルギーを消費し尽くさないように発電しなくてはならない。その発電能力は図2のように回転数と温度によって大きく変化する。一方、バッテリーはエンジン始動時の電気負荷をまかない、自動車の使用条件に応じてオルタネーターの発電能力と消費電力とのバランスを調整する機能を持つ。ここで、バッテリーの容量は放電電流の大きさと温度によって変化するので、常に表示されている値が保証されるとは限らない。放電電流が大きいほど、また温度が低いほど取り出せる電力は小さくなる。さらにまずいことに、温度が下がるとエンジンのフリクションが増大するので、スターターの要求トルクは大きくなる。温度が低いと図4のようにバッテリーの内部抵抗のため、スターターの出力は大きく低下する。

容量の大きなバッテリーは重く、オルタネーターは重量がかさむ上にエンジン出力を余計に浪費するように思えるが、感覚的にこれらを小さくすることは危険である。まず、何度までエンジンの始動を保証するか、アイドリング回転数をいくらに設定するか、エンジンの常用回転数はいくらか、エアコンなどの走行に直接関係のない電気負荷をどこまで減らすかによってバッテリーとオルタネーターの容量は決まってくる。図1、2、4を参考にして、オルタネーターとバッテリーの相互バランスを考慮しながら、これらの容量を何パーセント減らせるかを計算するのがよい。サーキット走行のように温度条件が限られていて、エンジンを高速回転で使うときには大雑把ではあるが、これらの容量を実用車の状態の1/2程度にすることも可能である。

図3 オルタネーターの構造例

図4 スターター特性の温度依存性

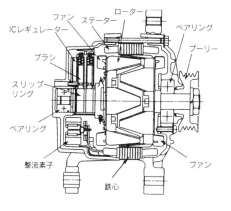

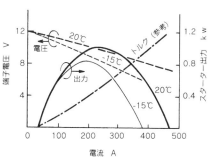

インジェクターの取り付け位置を変更した

電子制御式燃料噴射システム（EGI、EFI）を装着しているエンジンでは、各シリンダーごとにインジェクターが取り付けられている。この噴射方式をマルティポイント・インジェクション（MPI）と呼ぶ。かつて、キャブレターからEGIに変わる頃、コストの点から吸気マニホールドの集合部にインジェクターを1個だけ備えたシングルポイント・インジェクション（SPI）があったが、すでに淘汰されている。実用エンジンでは吸気マニホールドのブランチに1個、レーシングエンジンでは各ブランチに2個装着しているものもある。いずれの場合でも、インジェクターの装着位置と取り付け角度は出力、燃費、レスポンス、始動性、点火プラグの汚損などに大きく影響するので、実験を繰り返して慎重に決定されている。これと同時に噴射パターンや円錐状の噴霧角、燃料の粒径などのインジェクターの単体特性もエンジン性能に大きな影響を与える。

このように複雑な要因がからみあって決められた燃料供給部位であるが、吸気マニホールドを新しくつくり替えたり、チューニングによって吸入空気量が増大し、さらに噴射量の大きいインジェクターが必要になった場合、取り付け位置を変えなければならないこともある。インジェクターには、トップフィード式と燃料のベーパーの排出性と冷却性にすぐれたボトムフィード式があるが、どちらも吸気マニホールドのブランチへの装着上の考えは同じである。図2にピントル型

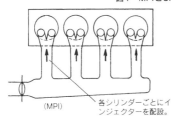

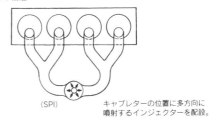

図1　MPIとSPIの相違

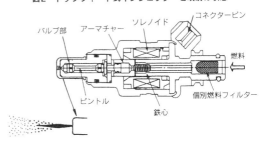

図2　トップフィード式インジェクターと噴射の状態

の単噴孔のインジェクターと噴霧の広がりの例を示す。この他にも4バルブエンジン用に噴孔を2つ設け、燃料を二方向に噴射してポートの壁面に付着するのを軽減したものもある（図3）。さらに、燃料の微粒化を図るため多噴孔にしたものや、アシストエアを使う方式も試みられている。

　インジェクター装着上の基本的な考え方は、燃料がポート壁面になるべく付着しないように、吸気バルブの傘の中心を狙って噴射するようにすることである。このとき、燃料は静止した空気中に噴射されるのではなく、吸気の流れによって曲げられることを考慮して狙いを定めることが大切である。一般に、インジェクターを吸気バルブから遠ざけると、シリンダーに流入するまでの燃料の気化のチャンスが増大し燃焼は改善されるが、レスポンスにとっては不利となる。また、加速応答性を改善するためには吸気バルブに近づけた方がよい。この場合、噴射タイミングのマッチングにより燃料の気化へのはね返りを補うこともできる。一方、2噴孔のインジェクターではポートの分岐形状と密接な関係があり、取り付け位置の自由度が小さいので、2つの噴射方向を調べて吸気バルブからの距離を決めることが必要である。吸気系内で燃料が気化すると、その潜熱で吸気の温度が低下し、充填効率が向上する。計算によっても燃料蒸気による空気量の目減りより、温度低下による空気密度の増大効果の方が大きいことが分かる。また、インジェクターがシリンダーヘッドからの熱で暖まらないようにすることが大切である。私は各シリンダーのポートにインジェクターを2つ装着して上下二段の同時噴射として出力、燃費、レスポンスを同時に改善することができた。

図3　4バルブエンジン用2ホールインジェクターの噴射方向

図5　上下二段噴射の例

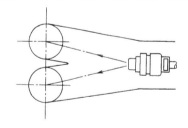

図4　インジェクターの噴射方向の基本コンセプト

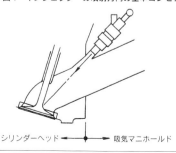

シリンダーヘッド　　吸気マニホールド

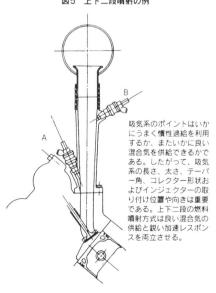

吸気系のポイントはいかにうまく慣性過給を利用するか、またいかに良い混合気を供給できるかである。したがって、吸気系の長さ、太さ、テーパー角、コレクター形状およびインジェクターの取り付け位置や向きは重要である。上下二段の燃料噴射方式は良い混合気の供給と鋭い加速レスポンスを両立させる。

コンロッドをスティール製からチタン製に替えた

　エンジンの高速化を阻む要因のひとつに、ピストンとコネクティングロッドの重量が発生させる往復慣性力がある。コンロッドメタルを傷める荷重としては、燃焼ガス力とこの往復慣性力であるが、後者は回転数の二乗に比例して増大するので特に深刻である。ピストンとピンは往復運動をするから、これらの重量はすべて往復慣性力を発生させる。コンロッドはピンに近い部分はほぼ往復運動をするが、クランクピンに拘束されている大端部は円運動をしている。したがって、コンロッドの重量の1/3～1/4は往復重量と見なされる。ちなみに、ストロークが80mmのエンジンが6000rpmで回転しているとき、1gの重量は約1.58kgの往復慣性力を生む。加速度で表すと1580Gとなる。もし、回転数が7200rpmになれば、2.27kgに増大する。F1エンジンでは6.5kgを越えるのが普通である。

　そこで、高速化を図るため、スティールより軽い（密度が小さい）チタン合金製のコンロッドを用いることがある。一般に、コンロッド材としてはチタンが90％、アルミ6％、バナジウム4％程度の合金が多く使われる。構造用の材料としては、重量とともに剛性が必要である。剛さを表す指標にヤング率があるが、ヤング率と密度との比は図2のように自動車に使われている金属材料では、ほぼ同じ値となる。もし同じ重量であれば、密度が小さいと使える体積が大きくなり、形状の自由度が増える。例えば、密度が1/2ならば厚さを2倍にすることができ

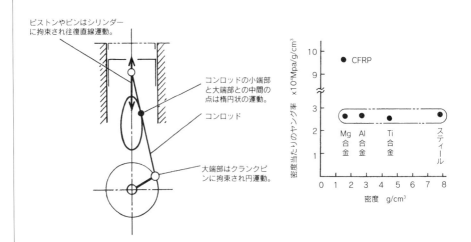

図1　コネクティングロッド各部の運動軌跡

図2　各材料の比剛性

る。一方、曲げ剛性は厚さの三乗に比例するから、もしヤング率が1／2になっても（1／2)・2^3＝4、すなわち4倍の曲げ剛性となる。ここまで高い剛性が必要でなければ、その分軽くすることが可能である。ヤング率が極端に小さくならなければ、密度の小さい材料を使って形状を工夫した方が軽量設計ができる。

ところが、チタン製のコンロッドを使用するとき、つぎの2つの点に注意する必要がある。まず、チタンの熱膨張係数（線膨張係数）はスティールの20×10^{-6}／℃の半分以下の8.8×10^{-6}／℃である。もし、スティール製のクランクシャフトのピン径を45mmとすれば、ともに温度が50℃上昇すると、ベアリングクリアランスは$45(20-8.8) \times 10^{-6} \times 50 = 25.2\mu m$減少することになる。チタン製のコンロッドを用いるときには、熱膨張によるクリアランスの目減りを見越しておかないと、焼き付きの危険性がある。さらに、大端部の剛性が不足すると図3のように、吸入行程やコースティング時の膨張行程の初めにピストンとコンロッドをキャップ部分が下方に強く引っ張るので、クローズインが発生して、ますますクリアランスは減少する。クローズインを小さくするためには、大端部とコンロッドキャップとで形成するベアリングハウジングの十分な剛性を確保する。冷間時のメタル打音は気になるが安全を見て、クランクピン、コンロッドともにスティールの場合より、20～30％大きいクリアランスを設けておくのが無難である。つぎに、コンロッドの大端部の前後面の焼き付きを防ぐために、この部分にモリブデン溶射をしておく。V8のようにひとつのクランクピンに2つのコンロッドが組み付けられる場合は、互いに面が擦れあうので、モリブデン溶射はさらに重要になる。

図3　コンロッドのクローズイン　　図4　チタン製コンロッドのモリブデン溶射

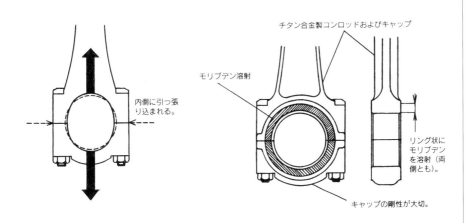

ヘッドガスケットをジョイントシート製からメタルガスケットに替えた

　ヘッドガスケットはそれぞれ性質や圧力の異なった、ガスと水とオイルと気液混合のブローバイを同時にシールしなくてはならない。ヘッドガスケットの変遷を見るとごく稀な例を除いて、図1のように中間に石綿を挟んだサンドイッチ構造のものが長年使われていた。その後、1965年頃からガスケット材の間に爪を立てた金属のシートや金網の強度部材を挟み、シリンダーやオイル穴の周りに金属製のグロメットを配設したスティールベストやワイヤーウーブンガスケットが使われ出した。サンドイッチ構造にくらべ薄くでき、圧縮比を上げるのに都合がよく、またコストもそれまでのものにくらべて安いので、最近までは主流であった。だが、間もなく金属シート製のガスケッ

トに変わっていくであろう。

　スポーツプロトタイプカー耐久レース用のエンジンVRH35Zの開発中に、過給圧を上げるとヘッドガスケットがよく吹き抜けた。そこで、石野ガスケット工業（株）にお願いして三枚重ねのスティール製のガスケットを開発・試作した。いわば、メタルガスケットの走りであったが、効果はてきめんであった。まず、メタルガスケットは熱の伝導性がよいのでヘッドからの熱がシリンダーブロック側に移動しやすく、ヘッド底面およびその近くの温度が低下する。これによって、ノッキングに対する抵抗（メカニカルオクタン）が増大する。ノッキングはピストンやベアリングメタル、ヘッドガスケットにとって大敵である。また、熱膨張

図1　各種ヘッドガスケットのシリンダー周りの特徴

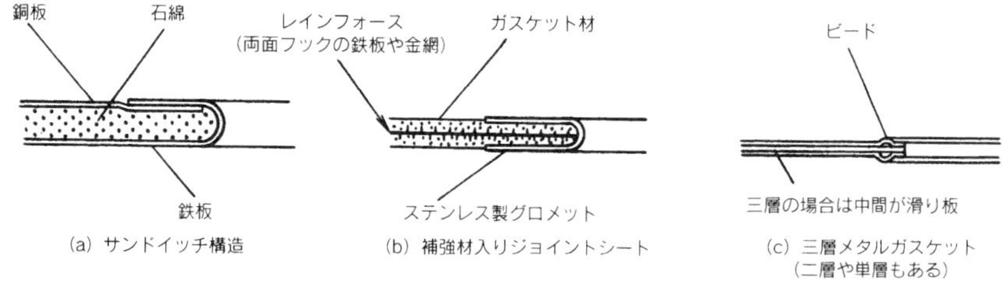

銅板　　　石綿　　　レインフォース　　　ガスケット材　　　　　　　　　ビード
　　　　　　　　　（両面フックの鉄板や金網）

　　　　　　　　　　　　　　　　　　　　　　　　　　　　　三層の場合は中間が滑り板

鉄板　　　　　　　　ステンレス製グロメット

（a）サンドイッチ構造　　　（b）補強材入りジョイントシート　　　（c）三層メタルガスケット
　　　　　　　　　　　　　　　　　　　　　　　　　　　　　　　　　（二層や単層もある）

図2　三層メタルガスケットの装着例

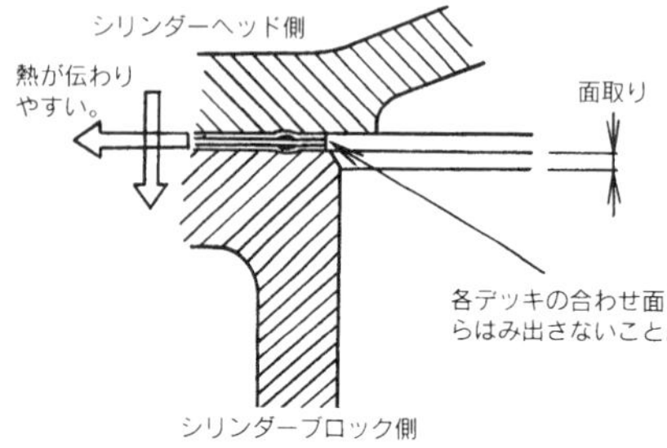

シリンダーヘッド側

熱が伝わり　　　　　　　　　　　　　　　　面取り
やすい。

　　　　　　　　　　　　　　　　各デッキの合わせ面か
　　　　　　　　　　　　　　　　らはみ出さないこと。

シリンダーブロック側

によるストレス（熱応力）もヘッド底面とブロックの上面との温度の差が小さくなるので減少する。スティールベストガスケットなどの場合は、シリンダー周りの金属製のグロメットの裏側に高断熱性のガスケット材があるので熱が逃げにくく、温度が上昇して溶損に至ることがある。一方、メタルガスケットでは熱が面方向にも逃げるので、高過給や多少のノッキングにも強く耐久性も優れている。

　同じエンジンファミリーでは、その後に発表された仕様のメタルガスケットがちょうど合う場合がある。平面的には同じような穴があいているからといって、そのまま置き替えてしまうのは危険である。まず、メタル製のヘッドガスケットはスティールベストにくらべて薄く、圧縮比が増大する（56頁参照）。つぎに、ヘッドやブロックの面がメタルガスケットに適しているかが問題になる。金属同士が強く接触しただけでガスが漏れないように仕上げられているか、微視的な加工の傷を伝わってガスが漏れないレベルになっているか、また合わせ面に前のガスケットのグラファイトがこびりついていないかなどを入念に点検する。一般にメタルガスケットは薄く、面のそりに対する追随性が少ないので、平面度が出ていないヘッドやブロックは修正をせずに再使用しない方がよい。また、図3のようにごく一部の面をオイルストーンやサンドペーパーで削ると、その部分が低くなってガスケットの面圧を確保しにくくなる。ガスケットの追随性を大きくするためには何枚も重ねればよいが、ヘッドガスケットは機能上は薄くしなくてはならない。その結果、ヘッドとヘッドボルトの熱膨張差の吸収性が低下するので、暖機中にヘッドボルトに過大な張力が加わることもある。

図3　メタルガスケット使用上のひとつの留意点

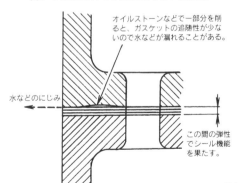

図4　三層のスティールガスケット（VRH35Z用）

175

燃料ポンプを容量の大きいものに替えた

　電子式燃料噴射装置を装着したエンジンでは、図1のように噴射圧まで加圧した燃料を噴射弁に供給しなければならない。そして、プレッシャーレギュレーターで調圧した残りの燃料は、バイパスラインを経由し燃料タンクへ循環される。また、キャブレター仕様のエンジンを搭載した四輪車でも、燃料タンクの底面よりエンジンへの燃料供給部位が高いので、必ず燃料ポンプは必要である。チューニングにより吸入空気量が増えれば、当然消費する燃料の量も増大する。だが、燃料ポンプには余裕があり、抜本的にパワーアップをした場合を除いて、まず燃料ポンプの容量を増やす必要はない。多くのキャブレター仕様車でも燃料のベーパーロックやパーコレーションを防ぐため、消費量以上の燃料を供給して余った分は燃料タンクに戻すようになっている。

　だが、本格的なチューニングにより吸入効率が著しく改善され、エンジンの高速回転化が図られた場合は、燃料系の見直しが必要になる。キャブレター仕様の場合は燃料の供給圧が低いため、ダイアフラムによる機械式あるいは電磁プランジャー式が使われている。

　一方、高い燃圧を必要とする電子制御式燃料噴射システムでは、図2のようなモーターでポンプを駆動する回転型が用いられる。(a) はローラーベーン式であり、複数のローラーを出入り自在に抱いたローターは、ケースの中心から若干偏心して取り付けられている。遠心力でベーンがローターからリフトして、ケーシ

図1　電子制御燃料噴射システムの燃料供給系

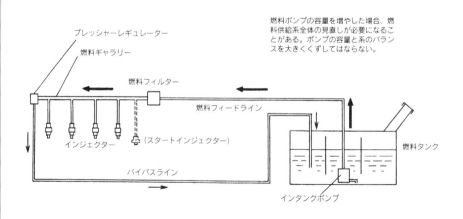

燃料ポンプの容量を増やした場合、燃料供給系全体の見直しが必要になることがある。ポンプの容量と系のバランスを大きくくずしてはならない。

ングとの隙間をシールして容積変化を起こさせる。一方、(b)の円周流式はインペラーの外周にある多くの羽根溝の前後で流体摩擦作用によって圧力差が生じるのを積み上げて燃料を昇圧する。また、ポンプの装着位置としては、燃料タンクと燃料ギャラリーとの間に配置するインライン型と、燃料タンク内に取り付けたインタンク型がある。EGIが市場に登場したときから使われている(a)はインライン型に、(b)はインタンク型と組み合わされ主流となっている。

　燃料の供給量を増やすということは、エンジンのマッチング特性も変えることであり、コントロールユニットのROMの書き替えや、ポンプ駆動電流の増大、場合によってはインジェクターも大きくしないと噴射パルス幅の増大だけでは間に合わないこともある。一方、自動車用エンジンではフルパワーを発生させているときの燃料流量はアイドリング時の40倍にもなる。したがって、アイドリング時には大部分の燃料がプレッシャーレギュレーターバルブを押し上げて、バイパスラインを経由して燃料タンクに循環するから、燃料ポンプの容量を増やしたとき、相対的にレギュレーターバルブ（図3）の容量が不足していると、バルブがフルリフトしてもポンプからの流量に追いつかなくなる。結果的には燃圧が上がり過ぎ、同じパルス幅でも噴射量が多くなって、アイドリングや低速低負荷時の空燃比が濃くなってしまう。また、ポンプから燃料ギャラリーまでの流路抵抗が大きいとポンプの効率が低下するので、フィードラインの径を太くすることが必要になることもある。この場合は本格的に燃料系の容量が増大することになるので、バイパスラインの径や燃料フィルターの濾過抵抗も見直した方がよい。

図2　回転型燃料ポンプの構造原理

ポンプが1回転すると燃圧は5回脈動する。

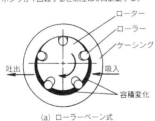

(a) ローラーベーン式

円周流式は羽根が多いため脈動が小さい。

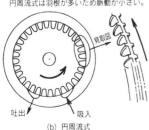

(b) 円周流式

図3　プレッシャーレギュレーターの構造と調圧原理

力のバランスは、
$F - P_m \cdot S = P_F \cdot S$
すなわち、$P_F + P_m = F/S$

となり、吸気マニホールド内圧力が大となれば噴射圧は低くなり、マニホールド内絶対圧と噴射圧との差は一定となる。また、過給されていても噴射圧とマニホールド内圧力との差は一定に制御される。

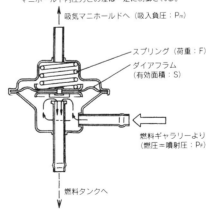

シリンダーの内面をツルツルにした

　シリンダーの内面はピストンとピストンリングによって、高速で擦られている。ちなみに、ストロークが85mmのエンジンが6000rpmで回転しているとき、平均ピストンスピードは17m／sになる。場合によっては20m／sに達することもあるし、私は条件さえよければレース用では29m／sでも大丈夫だと考えている。また、シリンダーの内面はピストンの側圧やピストンリングの面圧を受けながら、擦られるのでフリクション損失や摩擦熱による焼き付きが心配になる。

　そこで、シリンダーの内面を鏡の面のように仕上げたら、これらが改善されそうな気がする。だが、これには程度があり、あまりにもツルツルにし過ぎると、かえってオイル切れを起こして焼き付くことがある。

　シリンダーの内面はホーニングによる微視的な凹凸があって、ここがオイルを保持する機能を発揮する。ホーニング後に内面をメッキしたシリンダーでは、ポーラスメッキにしたり、メッキ前に小さな突起をつけたローラーなどを押しつけて、わざわざ小さな窪みを付けている例もある。シリンダーの内面はライナーの有無や形式を問わず、まず粗材の内面を穴ぐりして一応の寸法に仕上げられ、つぎにホーニングによって刃物（バイト）の目を取っている。ホーニングはシングルより多段階にわけて行われ、図1のようにプラトーホーニングされているのが良いようである。シリンダーの内面の凹凸の状態は、砥石の粗さとホーニングの

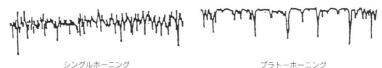

図1　シリンダー内面のホーニング目のパターン

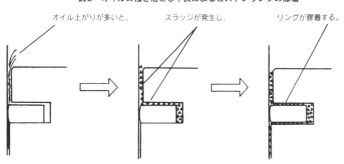

図2　オイルの掻き落とし不良によるピストンリングの膠着

仕方によって決まってしまう。また、シリンダーの内面の状態としては、粗さの他にも、むしれや顕微鏡的な塑性流動なども考慮するのが望ましい。シリンダーを再研磨するとき、真円度や平行度が損なわれたり、加工時のバイトの跡が残ったりしないように気をつけることが大切である。

シリンダー内面の粗さはμm（1μmは1/1000mm）で表されるが、これが1μmにもなると、凹凸部にオイルが必要以上に蓄えられ、オイル上がりが増加する。そして、スラッジが発生しリングとリング溝との間やピストンのトップランドの周りに堆積する。ざらざらしたスラッジを噛み込んでリングの動きが悪くなると、リングが膠着し、さらにオイル上がりを助長する。ひどい場合にはピストンの焼き付きに至ることがある（図2）。また逆に、あまりにも平滑に仕上げ過ぎる

と、ピストンやリングの潤滑に必要なオイルの量をシリンダー壁に確保できなくなる。したがって、シリンダーの内面の粗さとしては0.40～0.63μmにしておくのが無難である。ピストンリングとシリンダーの材質の組み合わせによっても異なるが、焼き付きを起こさないだけのオイルをシリンダーに保持する最小の粗さに仕上げるのが理想的である。

私は耐久レース用のターボエンジンでアルミ合金製のシリンダーライナーにニカジルにリンを加えた特殊なメッキを常識よりはるかに厚く施し、0.40μm程度の粗度に再ホーニングした。これと、チタンナイトライトのメッキをしたスティールリングと組み合わせて使用し好結果を得た。デイトナ24時間耐久レースで周回記録を立てて優勝したが、シリンダーに磨耗の痕跡はほとんど見られず、オイル消費もきわめて少なかった。

図3　ピストン摺動面のホーニングされたシリンダー内壁

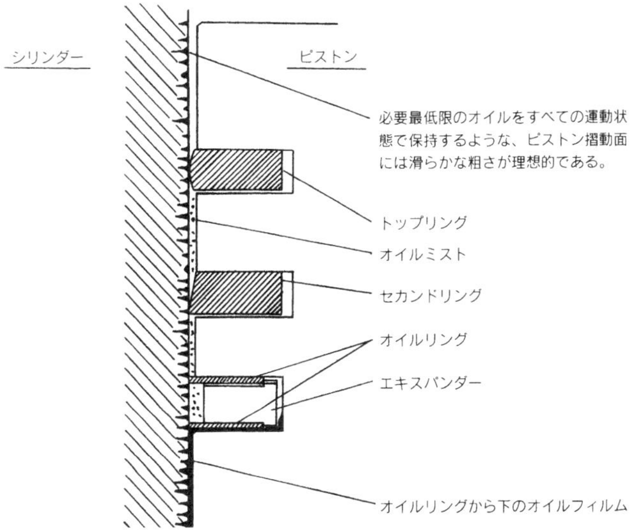

シリンダー

ピストン

必要最低限のオイルをすべての運動状態で保持するような、ピストン摺動面には滑らかな粗さが理想的である。

トップリング

オイルミスト

セカンドリング

オイルリング

エキスパンダー

オイルリングから下のオイルフィルム

シリンダーヘッドとブロックの合わせ面を再仕上げした

シリンダーヘッドの底面やシリンダーブロックのアッパーデッキ面を再仕上げするのは、①ヘッドやブロックの平面度が許容限界値を越した場合、②局部的に傷がついた場合、③ヘッドを削って圧縮比を上げる場合、④仕上げの質を改善する場合くらいのものである。

①は極端なオーバーヒートを起こしたり、厚いガスケットを使った上にヘッドボルトを強く締め過ぎたりしたときに生じるヘッドやブロックのそりである。ストレートエッジとシックネスゲージを用いて測定し、0.05mm以上であったら再仕上げが必要である。だが、これは一応の目安であり、ガスケットの追随性が乏しければもっと小さなそりでも修正が必要である。②はノッキングを起こしてヘッドガスケットが吹き抜けたり、こびり付いたガスケットの屑を不適切な工具を使って剥がそうとしたときにできる比較的深い傷で、面を修正しないとガス漏れや水漏れなどにつながる。③はヘッド側を所定の厚さだけ削り燃焼室容積を減らす場合である（154頁参照）。チューニングによりパワーを出そうとするとき、ヘッドガスケットの使用条件を少しでも改善するために④は大切である。

①と②は反りや傷の深さ以上に削り平面度を確保すればよいが、面が傾かないようにフライス盤にセットすることが大切である。この場合は比較的削り代が大きいので、圧縮比に影響が出ることがある。ストロークの小さいエンジンならば、0.1mmも削れば圧縮比の増大は無視でき

図1　再仕上げが必要な合わせ面の状態の例

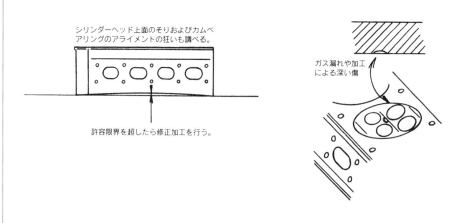

ない。また、ブロック側を削った場合、図2のようにピストンが上死点にきたとき、ブロックの上面から肩部を出さないようにしなくてはならない。一般に、上死点時のピストンの基準の高さの位置と、ブロックのアッパーデッキ面はほぼ一致するようになっている。これは、ヘッドの底面とピストンとの間隙を保ちやすくするためである。隙間が少なくなり過ぎると、スキッシュが強くなって燃焼特性が変わったり、ノッキングを起こしやすくなったり、カーボンなどを挟み込んでノッキングに似たカーボンノックを起こしたりする。また、カムシャフトの位置がわずかながら低くなるので、バルブタイミングは遅れるが誤差の範囲である。また、アルミと鋳鉄とでは削られるときの性質が異なり、一般にアルミには研削は適さない。④の仕上げの質を上げるためには名人芸的なキサゲがよいともいわれるが、私は熟練を積む努力にくらべメリットは小さいと考えている。キサゲは見た目にはきれいだが、エンジンにとっては非現実的といえそうである。ガレージ的に行う場合にはむしろ、平面度が出た表面の状態のよい定盤に目の細かいコンパウンドを塗って、その上にヘッドやブロックのデッキ面を合わせて根気よく水平に動かしながら研磨するのが無難である。このとき、ワーク（品物）を面に平行に動かさずに少しでもロールさせると、図3のように中央が出っ張るので、あくまでも水平に動かすことが大切である。もし、専門の工場でフェースカッターなどで再仕上げをしてもらえるのなら、そちらをおすすめする。また、①～④いずれの場合でもヘッドやブロックのデッキ面を加工すれば、燃焼室やシリンダー内にバリがでることが多いので、グラインダーなどで丁寧に取り除くことが大切である。

図2　上死点時のピストン肩部とブロック上面との関係

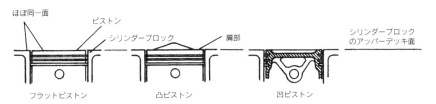

図3　手作業で面を仕上げる場合の注意点

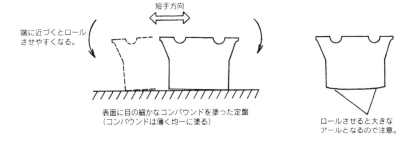

クランクシャフトのカウンターウェイトに比重の大きな金属を取り付けた

　エンジンの高速化にとってカウンターウェイトのバランス率の確保は、振動の低減よりもメインベアリングの当たりの改善のために重要である。これは、各スローごとにピストンやコネクティングロッドの往復慣性力を打ち消すようにして、クランクシャフトの曲がりを小さくするためである。

　慣性力は回転数の二乗に比例して増大するので、各スロー間のクランクの曲がりが大きくなり、図1のようにベアリングの片当たりが発生しやすくなる。ベアリングが片当たりするとその部分の温度が上がり、ますますオイル切れを助長して焼き付きの引き金となる。ちなみに、私は耐久レース用のエンジンでは90%のバランス率を確保するように、カウンターウェイトを設計していた。実際に渦電流式の非接触変位計をベアリングキャップ側に装着して、エンジンが高速で回転しているときのオイルクリアランスを測って見ると、バランス率を上げると片当たりが生じていないことが確かめられた。当然のことであるが、クランクシャフトの加工品質がよくないと、バランス率の確保だけではベアリングの当たりは改善されない。

　既製のクランクシャフトを用いバランス率を上げる場合、溶接などによってカウンターウェイトを大きくすることはまず不可能である。そこで、鉄より比重の大きな金属をカウンターウェイトに取り付け、スペースを取らずに効率よくバランス率を上げようとすることがある。だ

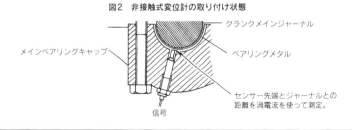

図1　バランス率の不足によるメインベアリングの片当たり

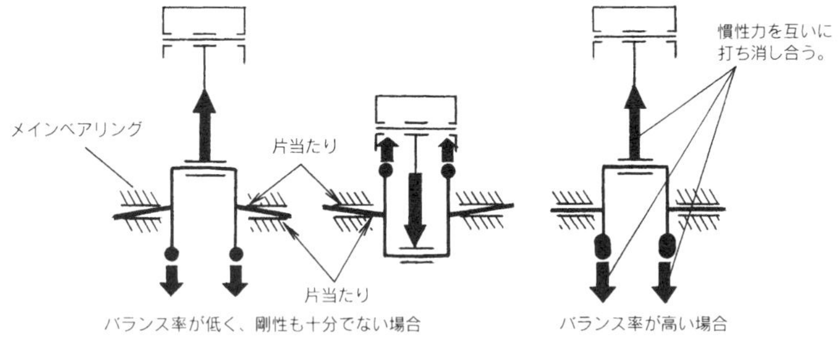

図2　非接触式変位計の取り付け状態

が、よほどうまく比重の大きな金属を取り付けないと、よくこれが外れてクランクケースやオイルパンを破って外に飛び出すのできわめて危険である。場合によっては破片がコンロッドとシリンダーとの間に挟まれて、コンロッドが折れ、一緒に飛び出すことさえある。いずれの場合もエンジンは全損するし、大事故になりかねない。また、漏れたオイルに火がつき火災になることが多い。

比重の大きな金属としては、イリジウムとオスミウムが22.5、白金21.4、金19.3、タングステンが19.1であるが、コストや機械的な性質の面からタングステンが使われる。ちなみに、タングステンの融点は3600℃であり、金属中でもっとも高い。鉄の比重は7.8なのでタングステンと材料を置換すると、2.45倍の体積効果がある。錘の取り付け方の例としては図3の（a）のように半径方向にボルト締め、（b）は軸方向にボルト締め、（c）と（d）はタングステンをボルト状にして埋め込み周りをカシメる方法である。いずれの方法でも、錘に働く強大な遠心力に耐えられるかが問題になる。（a）は錘のボルト部分に応力が集中しやすく、またボルトが緩むことがある。（b）と（c）は遠心力に対しては（a）より強いが、他のシリンダーのクランクピン部が邪魔になって機械加工が困難である。（d）はうまく取り付ければ（a）よりは安心感があるが、隣同士の干渉を避けるためスペース効率が悪い。私もいろいろの方法でカウンターにタングステンの錘を取り付ける方法を試みたが、錘が外れてクランクケースに銃弾が貫通したような穴をあけてしまった。クランクシャフトのバランス率を上げることは重要であるが、カウンターウェイトを重くするより、ピストンやコンロッドを軽くする方が現実的である。

図3　異材質のカウンターウェイト取り付けの例

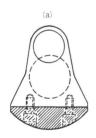
(a)
簡単な方法であるが破損の危険性が大きい。

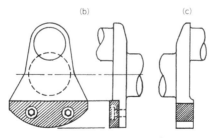
(b)　(c)
(b)と(c)は他のシリンダーのクランクピンやウェブの影となり、加工が困難な場合が多い。

(d)
特殊なネジを切って錘を締め込んで周りをカシメる。

スティール製のオイルパンをアルミ鋳物製に替えた

　プレス製のオイルパンは軽量で、石撥ねにも強く、コストもかからないので広く使われている。ウエットサンプ式のオイルパンの機能はオイルを単に溜めておくだけではなく、オイルの冷却、オイル中に含まれる気体の分離、また走行中のオイルの偏りを抑制して、オイルポンプの吸引が途切れないようにすることである。だが、本格的なレーシングカーのオイルパンはアルミやマグネシウム合金の鋳物製である。表面にフィンを付ければ、放熱面積が増え冷却効果が向上する。だが、それより重要なメリットは図1のように、シリンダーブロックと一体になってエンジンの剛性を向上させられることである。この他にも鋳物製のオイルパンの後端にボスを設けて変速機とを結合して、エンジンとトランスミッションとの結合剛性を高めることもできる。

　チューニングによって使用回転域が高くなると、オイルの温度が上昇するとともにエンジンのねじれや曲げ振動が問題となる。また、エンジンとトランスミッションはボルトというバネを介して結合されているといえるので、この部分で折れ曲がって、曲げ振動を起こしやすい。これは、長いトランスミッションを搭載しているFR車で顕著である。もし、何も対策を講じていなければ、その曲げ振動の固有周波数は150〜200Hz程度であり、共振させる加振力の周波数はエンジンの常用回転域に入ってしまう。例えば、4シリンダーエンジンは1回転に2回大きな振動を発生させる。不平衡慣性力もト

図1　アルミ鋳物製オイルパンによるエンジン剛性の向上

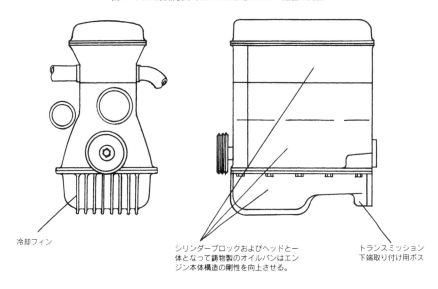

冷却フィン

シリンダーブロックおよびヘッドと一体となって鋳物製のオイルパンはエンジン本体構造の剛性を向上させる。

トランスミッション下端取り付け用ボス

ルク変動も1回転に2回発生する。もし、5400rpmで回転していたら、1秒間にエンジンは90回転するので、その2次は90×2すなわち180Hzとなり、この回転数で激しく共振する。だが、取り付けボルトの数を増やせば固有振動数が上がり、また振動の振幅は小さくなるので、より高速まで耐えられる。一方、プロペラシャフトはユニバーサルジョイントを用いて二分割されていて、ジョイント近くのベアリングの外周を車体に弾性支持されている。これにより、プロペラシャフトの固有振動数を上げ、容易に振動で不具合が出ないようにしている。

　FF車でもエンジンとトランスアクスルとの結合剛性は高いほどよい。したがって、オイルパンにトランスアクスルとの結合機能を持たせられれば、それを十分に活用するのが得策である。いずれの場合でもオイルパンを鋳物製に替えるときに、可能なら図2のようにシリンダーブロックへの取り付けボルトのサイズをひとまわり太くして、エンジンの剛性向上に利用することと、トランスミッションとの結合剛性を上げるために、オイルパンの後部に一体にガセットを創成してあるものを使うことである。プレス製のオイルパンを鋳物製に交換する場合、シリンダーブロックがハーフスカート式であれば、図3のようにクランクシャフトのオイルシールとそのハウジングとの間からオイル漏れをしないようにすることが大切である。クランクシャフトの中心線で分割されたオイルシールハウジングの上半分はフロントカバーで、下半分はオイルパンで形成していることもある。また、別体のオイルシールハウジングを有するものでは、その周りとオイルパンの半円形のハウジング内面が密着するようにする。

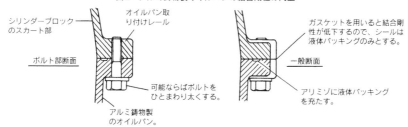

図2　アルミ鋳物製オイルパンの結合剛性の向上

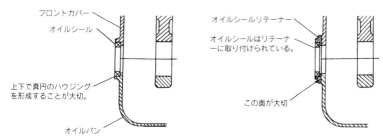

図3　オイルパンを替えたときのオイル漏れ対策

オイルパンの中のバッフルプレートの形状を変更した

　自動車の走行中の姿勢の変化や前後左右と上下に作用する慣性力によって、オイルが片寄ったり飛び上がるのを問題のないレベルに抑えるために、オイルパンの中にはバッフルプレートが設けられている。単に仕切りだけのものやオイルが飛び上がるのを防ぐために必要な個所に油面と平行にプレートを入れたものなど、車の使用状態に合わせバッフルプレートの形状は様々である。同じエンジンファミリーでも、オイルパンやバッフルプレートの形状は車載レイアウトによっても異なる。例えば、FR車ではオイルパン中のオイルに働く加減速時の慣性力（G）は、エンジンの長手方向であるが、FF車ではこれと違って直角方向となる。同様にコーナリング時の慣性力もエンジンにとっては90°交差している。実用車のバッフルプレートはコストや重量の点から、必要最低限の機能を果たすように設計されている。したがって、チューニングしたエンジンの使われ方によっては、オイルパン中のバッフルプレートの形状の変更が必要になる。

　バッフルの形状を変更するときの基本的な考え方は、オイルポンプが吸引するオイルが途切れないようにすること、オイルパン中のオイルが飛散してクランクシャフトやコンロッドで叩かれるのを軽減すること、溜まったオイルが激しく揺すられることによる気体の混入を防ぐことである。そして、全部のオイルがなるべく均等にオイルポンプに吸い込まれて、エンジン内を循環しなければならな

図1　水平方向に長時間加速度が加わったときのオイルパン内油面のバランス

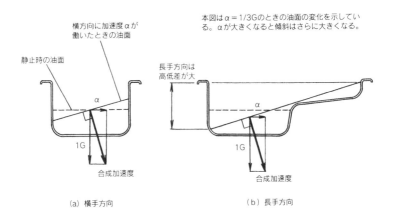

(a) 横手方向　　　　　　　　　(b) 長手方向

い。加減速やコーナリングによって加速度aが働くと、図1のように油面は傾こうとする。もし、サーキットにおけるスポーツ走行で100Rのコーナーを113km/hで回ったら、横方向に1G（9.8m/s²）の加速度が発生する。このときのオイルパン中の油面は45°傾くことになる。とくに、FF車の場合はコーナリング中の慣性力はエンジンの長手方向に作用するので、同じαでも（b）のように変位量は大きくなる。もちろんこの状態は長時間は続かないが、バッフルにより必要な期間は持ちこたえなければならない。

オイルストレーナーの位置によって、バッフルの入れ方は異なってくる。ストレーナーの吸い口は一般にオイルパンの中央付近にある。この場合は、図2のようにバッフルを2枚にして部屋を3つにして、その中央から吸引するようにする。そして、バッフルの下端とオイルパンの底との間には、オイルの流通を確保するように隙間をあけておく。この場合、その上端は油面から出た方が仕切り効果が大きくなり、油面の変化は小さくなる。

また、図3のように底面と平行にバッフルを入れると、オイルの飛散や傾斜対策には効果がある。だが、一方でオイルパンに滝のように落下してきたオイルが、油溜まりに流れ込むのを妨害するので、かえってクランクなどによるオイル叩きを助長することがある。また、このプレートを基準油面より深いところに設けると、オイル中に含まれた気泡が排出しにくくなる。中立的な方法として、この水平のバッフルには大きな穴やオイルパン壁面との間に隙間をあけ、オイルが飛び上がっては困るところをふさぐようにするのがよい。この他にヒンジ（蝶番）による可動式のバッフルもあるが実用的ではない。

図2　バッフルプレートの例　　　　図3　水平方向にもバッフルプレートを入れた例

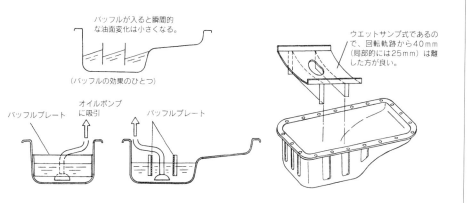

187

メインベアリングキャップを強化した

　エンジンのパワーを上げようとすると、必ずクランクシャフトを支持しているベアリングキャップの荷重負担は増大する。チューニングによってピストンに働くガス力が大きくなったり、回転数が上がれば従来のメインベアリングキャップでは変形が大きくなり焼き付きが発生したり、フリクションが増大することがある。また、ベアリングキャップが倒れるように傾くと、ベアリングの片当たりが生じる。そこで、チューニングに見合ったメインベアリング部の強化はきわめて重要である。

　メインベアリング部の強化には大きく分けて2つの方法がある。まず、剛性の高いベアリングキャップを鋳物や削り出しでつくり、既存のキャップと交換する方法である。一方、メインベアリングキャップはシリンダーブロックに組み付けて、全ベアリングハウジングをラインボーリングで一体加工されている。そこで、ベアリングキャップだけを単独に内面加工しても、ブロックに組み付けたときのベアリングハウジングの真円度とアライメントは保証されない。この場合は強化型のキャップを組み付けて、もう一度ラインボーリングをしなければならない。当然、ベアリングハウジングの穴は大きくなるので、バックスティールの厚いベアリングメタルを使って寸法を合わせることになる。例えば、図2のようにベアリングハウジングを0.5mm大きくしたら、その半分の0.25mmだけ厚いバックスティールのベアリングメタルを用いれ

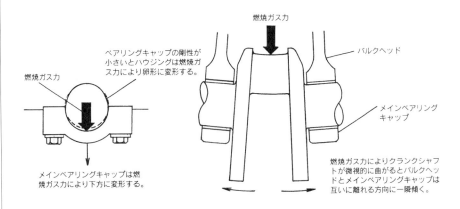

図1　燃焼ガス力によるメインベアリング部の微視的な変形

ばよい。

つぎに、ベアリングハウジングを再加工したくない場合は、図3の (a) のように既存のベアリングキャップの下面を平らに加工して、この面にブロック状の補強部材を密着させて、長めのベアリングキャップボルトで共締めする。この方法の欠点は、既存のベアリングキャップの下端とボルトの座の高さの差が大きいと、キャップ下端の削り代が大きくなって補強部材を厚くしても、エンジン運転中のハウジングの形状保持が損なわれることがある。また、補強部材を共締めするためにキャップボルトを長くすると、ボルトのバネ定数が小さくなる。同様にキャップ側のバネ定数も小さくなる。だからといって、ボルトを太くする必要はないが、抗張力が同じかそれ以上でネジ部の加工精度も同程度のボルトを用いなければならない。

この方法の発展型として (b) のように、全ベアリングキャップの下端の高さを揃えて平らに加工し、これとベアリングビームと一体の補強部材を共締めするのもよい方法である。これによってメインベアリング部の倒れ剛性が格段に向上して、ベアリングの当たりが大幅に改善する。また、フリクションの低減にも効果がある。ビームと一体の梯子状の補強部材をつくるのに手間がかかるからといって、ビームを別体にするのはよくない。それぞれ別体のベアリングキャップ、補強部材、ビームを三段重ねで共締めするのは避けた方がよい。補強部材とビームとが一体になっているときにくらべ剛性向上効果が半減するのと、中間に寸法的な不確定要素があるとこれを強引に共締めすることで、ベアリングハウジングが引っ張られたりして精度が低下するからである。

図2　メインベアリングキャップの強化対策

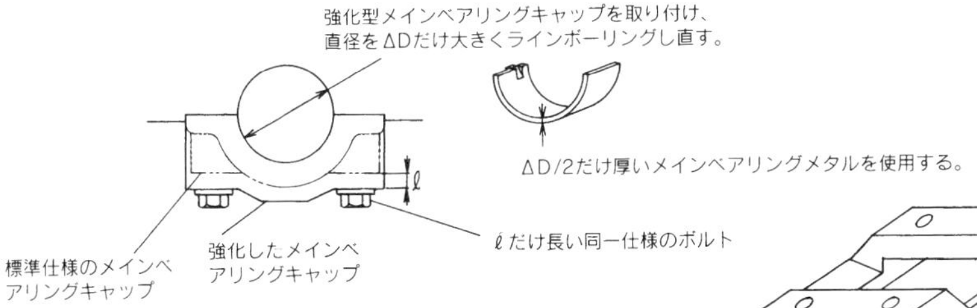

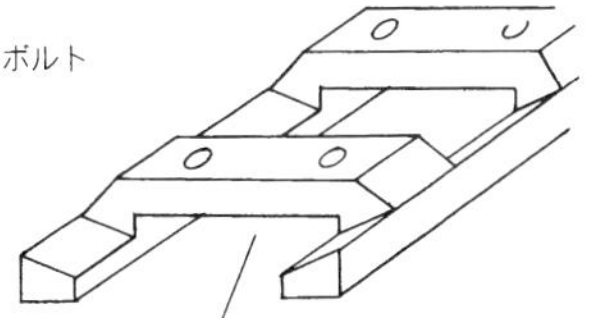

強化型メインベアリングキャップを取り付け、直径を ΔD だけ大きくラインボーリングし直す。

ΔD/2 だけ厚いメインベアリングメタルを使用する。

標準仕様のメインベアリングキャップ

強化したメインベアリングキャップ

ℓ だけ長い同一仕様のボルト

図3　ベアリングハウジングの再加工をしない場合のメインベアリング部の強化対策

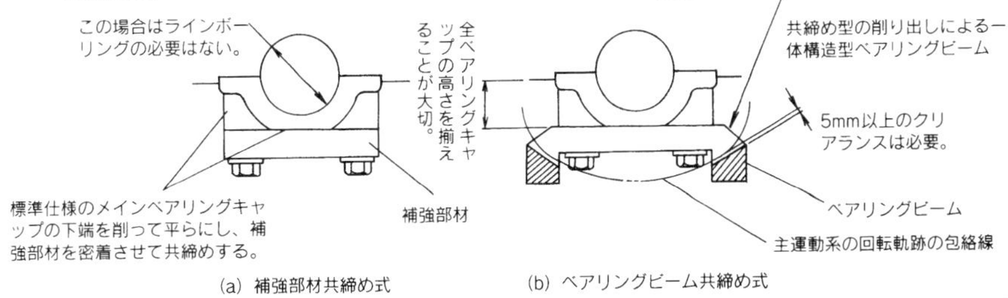

この場合はラインボーリングの必要はない。

全ベアリングキャップの高さを揃えることが大切。

共締め型の削り出しによる一体構造型ベアリングビーム

5mm以上のクリアランスは必要。

標準仕様のメインベアリングキャップの下端を削って平らにし、補強部材を密着させて共締めする。

補強部材

ベアリングビーム

主運動系の回転軌跡の包絡線

(a) 補強部材共締め式

(b) ベアリングビーム共締め式

カムシャフトを粗材からつくり直した

　実用車のカムシャフトは一般に鋳鉄製である。鋳鉄はカーボンを多く含みタペットやロッカーアームのパッドとの摩擦時の潤滑性がよく、またチルすることでカムローブ部の表面を硬化できる。相手の材料に対する攻撃性が少なく耐磨耗性に優れ、生産性もよくコストも安いので、カムシャフトの材料としてもっとも多く使われている。しかし、スティールにくらべてヤング率が小さいので、ねじれや曲げ剛性を確保するためにはスティール製のカムシャフトより若干太くしなければならず重くなる。したがって、DOHCの場合はどうしても、エンジンはヘッドヘビーになってしまう。

　カムシャフトを粗材からつくり直すのは、①軽量化のために鋳鉄製のカムシャフトをスティール製に替える場合、②カムプロフィールを大きく変えるために粗材から削り直す場合がある。既製のカムローブ部を再研磨で修正するだけではすまないほど、カムリフトを高くしたりバルブの作動角を大きくする場合、新たに粗材から削り直さなければならない。カムローブやジャーナルの位置が同じで、欲しいカムプロフィールを実現できるような鋳物の粗材を入手するのはまず困難である。一方、鋳物の粗材を作るのは費用がかかるので、スティールの丸棒からカムシャフトを創成することになる。①、②ともに大まかな手順としては、図1のようにカムシャフトを包含できるカーボンを含む耐磨耗性のあるスティールの丸棒を旋盤で粗削りをして、スプロケット

図1　スティール製のカムシャフトのつくり方

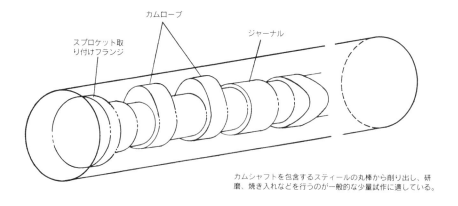

カムシャフトを包含するスティールの丸棒から削り出し、研磨、焼き入れなどを行うのが一般的な少量試作に適している。

取り付けフランジ、カムローブ、ジャーナル部分を大体の形に整える。また、必要に応じカムシャフトの中央にオイル通路や軽量化のための穴を、ガンドリルなどを使ってあける。つぎに、ジャーナル部とスプロケットのダウエルピン穴を仕上げて、ここを基準にして位相を決めてカムプロフィールを創成する。そして、高周波焼き入れなどによりカムの部分を硬化し、必要ならば曲がりを修正して完成である。

バルブリフトが同じで作動角だけを大きくすると、図2の(a)のようにバルブの加速度は小さくなるので、エンジンの許容回転数を上げない限りバルブスプリングの強化は不要である。なお、この図は説明のために加速度は一定としているが、実際の加速度特性は多項式の場合が多い。しかし、加速度からバルブリフトを導く原理は同じである。作動角を広げることは、カムとタペットやロッカーアームとの接触面圧を増大させないので磨耗には有利となる。しかし、(b)のように作動角が同じでバルブリフトを大きくする場合は、バルブの加速度が大きくなるので、バルブスプリングを強化しなければ、カムプロフィールにしたがってバルブは運動しなくなる。その強化したスプリングをリフトが大きくなった分、余計に圧縮しなければならないので、カムやタペットの面圧は増加する。また、カムのノーズがとんがれば、さらに面圧は高くなる。とくにアイドリング時には慣性力でスプリング力を打ち消さないので、スプリングの荷重はほとんどカムノーズに作用し、双方の磨耗は大きくなる。そのひとつの対策としては、バルブリフトとともに作動角も大きくして、面圧の増加を少しでも相殺するようにすることである。

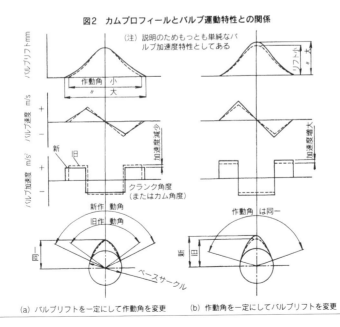

図2 カムプロフィールとバルブ運動特性との関係

(a) バルブリフトを一定にして作動角を変更　　(b) 作動角を一定にしてバルブリフトを変更

クランクにフライホイールとクラッチカバーを取り付けてバランスを取った

　主運動系の回転部分のバランスが悪いと振動が発生する。また、その加振力はクランクシャフトをベアリングクリアランス一杯に振り回すので、ベアリング荷重も局部的に大きくなりフリクションも増大する。さらに、吹き上がり感も悪くなる。ここでいうバランスとは動バランスを指し、つぎに述べる回転慣性モーメントのバランスのことである。タイヤのバランスもこの動バランスである。これに対し静バランスがある。図1(a)のように重さを無視でき変形しない棒の両端に、質量M_1、M_2が取り付けられ、支点Cの周りで釣り合っている。支点からそれぞれの錘までの距離をr_1, r_2とすると、支点周りのモーメントが釣り合えばよいから$M_1 g \times r_1 = M_2 g \times r_2$となる。

　一方、これを支点Cの周りに回転させようとするとき、その回りにくさは質量と、回転の中心からそこまでの距離の二乗の積に比例する。これを、回転慣性モーメントや極慣性モーメントあるいは慣性二次モーメントと称する。したがって、その釣り合いは(b)のように$M_1 \times r_1^2 = M_2 \times r_2^2$となる。ところが、$M_1 \times r_1^2 > M_2 \times r_2^2$のように釣り合っていなければ、CではなくCからdだけ離れた新たな回転の中心C′の周りに回転しようとする。これが振動を発生させる。回転の中心はあくまでも変えることはできないから、動バランスを取るためにはM_1を削ったり穴をあけてm_1だけ軽くするか、M_2に錘を付加してm_2だけ重くすればよい。これを式であらわすと$(M_1 - m_1) \times r_1^2 = M_2 \times r_2^2$

図1　静バランスと動バランスの相異

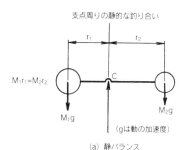

(a) 静バランス

静的にバランスしていても動的にバランスしているとは限らない。

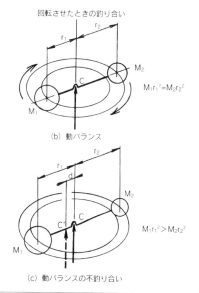

(b) 動バランス

(c) 動バランスの不釣り合い

または、$M_1 \times r_1^2 = (M_2 + m_2) \times r_2^2$ となる。ちなみに、タイヤは質量m_2をリムに取り付けてバランスさせている。

クランクシャフトやフライホイール、クラッチカバーは、それぞれ単独で許容値以下になるように動バランスを取ってある。例えば、クランクシャフトはカウンターウェイトにドリルで穴をあけ、クラッチカバーは質量をスポット溶接で取り付ける。しかし、あくまでも許容値であり、完全であるとはいえない。図2のようにもし回転慣性モーメントの大きい方向が揃うと、無視できないアンバランス量となってしまうことがある。

そこで、これらの3部品（できればクランクプーリーも一緒に）を組み付けて動バランスを調整するのがよい。このときの注意事項はクランクとフライホイールとの間、およびダウエルピンはあるがフライホイールとクラッチカバーとの間に合マークを付けておくことと、小さいことではあるが、ボルトも同じ位置に使うのがよい。

なお、動バランスを調べるためには、バランシングマシンが必要である。クラッチディスクにも許容値以下のアンバランスはあるが、フライホイールとプレッシャープレートとの間に、どの方向で挟み込まれるかは確率の問題であるので、これまで取り付けて、バランスを取っても意味がない。クラッチディスクは単独できちんとバランス調整をして、先ほどの全体でバランスを取った回転体と組み合わせる。また、変速機のメインドライブシャフトのスプラインが傷んでいたり、この先端をささえるパイロットベアリングが磨耗していて首振りが大きいような場合には、クラッチディスクが中心に収まらず、アンバランスを発生させることもある。

図2　主運動系の回転部分の動バランスの最終的な釣り合い

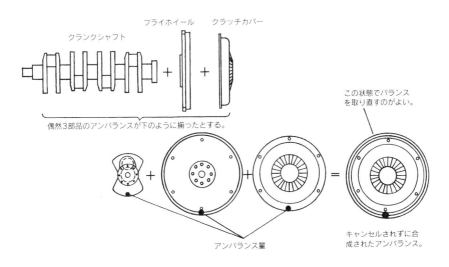

マウンティング部を改造してエンジンの搭載姿勢を変えた

エンジンと変速機（あるいはトランスアクスル）を含めたパワープラントを車体に懸架している部分をマウンティングと称する。

この部分は実用車ではエンジンの加振力が車体に伝わるのを小さくする防振機能と、パワープラントが過大な変位を起こすのを避けるための変位規制機能を有する。本格的なレーシングカーでは、エンジンとコックピットとを剛結合して、エンジンに車体の骨格としての機能をもたせたストレスマウントが主流である。また、実用車をレース専用車に改造する場合、二輪車のようにエンジンを防振せずに車体に直付けすることもある。しかし、チューニングの延長としてエンジンの搭載姿勢を変えることにより、搭載性や自動車全体としてのバランスを向上させたくなることがある。

それらの例を模式的に図3に示す。①エンジンの傾き、すなわちスラントの変更は吸排気系を改造した場合に必要になることが多い。例えば、吸気マニホールドのブランチを伸ばしたとき、車体との干渉を避けるためにこれを大きくするなどである。②FR車ではプロペラシャフトのジョイント角度を小さくするために、エンジンは後ろの方を若干下げて搭載している。エンジンの前後傾斜であるが、チューニングによりこれだけを変えることはまずない。③車両の重心を低くしたいとき、重量が大きいエンジンの搭載位置を下げるのは効果が大きい。これによりコーナリング特性が改善する。ま

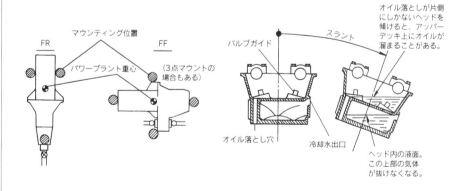

図1　パワープラントの防振懸架位置　　　図2　スラント変更による要注意点

た、FR車の場合は、これによりプロペラシャフトのジョイント角度を小さくできるので、②にも影響しエンジンの前後傾斜を減らすことになる。④チューニングをしたエンジンを搭載するため、エンジンを水平に前後左右に動かさなければならないことがある。⑤はこれらを組み合わせてエンジンルームのレイアウトを大幅に変えてしまう場合である。

しかし、チューニングのベースとなるエンジンは、その自動車に搭載されている姿勢を基準に設計されている。例えば、オイルパン内の油面の状態、ラジエターとの位置関係、エンジンと車体との干渉、エンジンの重心や慣性主軸とマウントとの関係などが検討されている。したがって、エンジンの搭載状態を変えるとはね返りがあることが多い。まず、注意しなければならないのが、車体との干渉とエンジンオイルの戻りである。車体との隙

間は25mmを目安にすれば安全である。また、シリンダーヘッドにはオイルの落とし穴が設けられているが、これがもし図2のように直立していたものにスラントをつけると、オイルがヘッド上に溜まったり、冷却水中に含まれた気泡が抜けずオーバーヒートを起こすことがある。とくにオイルがバルブガイドの上端より高く溜まると、オイル下がりが大きくなって白煙の原因となる。また、エンジンのマウントを替えると、振動や車内騒音が大きくなることがある。しかし、マウンティングラバーを軟らかくするとエンジンが大きく振れて、思わぬところが車体と干渉する。マウンティングはクラッチジャダーにも影響する。アイドリング回転数を高めにセットしたチューニングエンジンを車載するのであれば、防振性を犠牲にしても若干固いマウントにしてもよい。

図3　エンジン搭載姿勢の変更と要検討事項

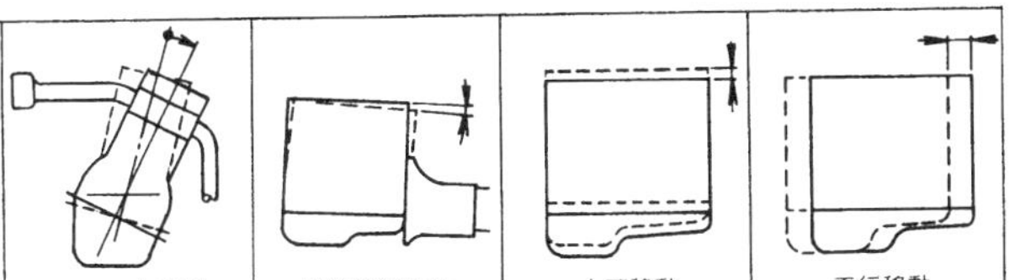

エンジン搭載姿勢の変更（適用車）／問題の発生が懸念される点	スラント変更（FF、FR）	前後傾斜変更（FR）	上下移動（FF、FR）	平行移動（FF、FR）
オイルの戻り	○	○		
エンジンや変速機内の油面	○	○		
冷却系のエア溜まり	○	○	上方へ移動時 ○	
駆動系のジョイント角		○	○	○
エンジンの剛体振動	○		○	○
エンジンルームの通気性	○			○
パワープラントの重心点の移動	○		○	○

ガセットを入れてエンジンとトランスミッションとの結合剛性を上げた

　エンジンとトランスミッションあるいはトランスアクスルとの結合剛性の向上は、エンジンの出力や回転数を増大させるときにきわめて重要である。エンジンとトランスミッションを合体したパワープラントの振動は、車内騒音や駆動系などに影響を与える。とくにFR車の場合は変速機が長く、プロペラシャフトがあるので、この部分の結合剛性が問題となりやすい。プロペラシャフトのないミッドシップのF1や本格的なGTカーでも、エンジンとトランスミッションの結合剛性は、車両の高速化にとって重要なポイントとなっている。もちろん、これにはエンジンがストレスマウント（図1）になっており、パワープラントが車両の骨格としての機能を果たさなければならないことにもよる。

　トランスミッションとの結合剛性に余裕のないエンジンもあるので、このようなエンジンをチューニングすると車載時に、エンジンとトランスミッションとの結合部で折れ曲がるモードの振動が発生しやすい。模式的に図2に示すように、ボルトの部分はエンジンなどにくらべるとはるかに弱く、あたかもバネのような働きをする。振動的に見れば、パワープラントは2つの剛体がバネによって連結されて、形状を維持しているようなものである。したがって、共振点では大きな曲げ振動を起こす。仮りに、この固有振動数を240Hzとする。最高回転数が6000rpmであった4シリンダーエンジンを、7200rpmまで使えるようにチューニング

図1　本格的なレーシングカーのストレスマウント　　　　**図2　パワープラントの曲げ振動**

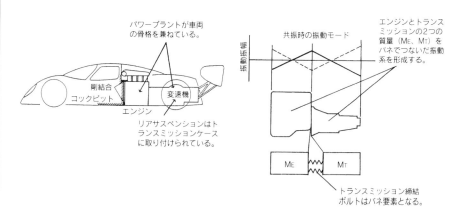

すれば、加振力は1回転に2回発生するから1秒間には2×7200／60すなわち240Hzとなり共振周波数と一致してしまう。その上、パワーも大きくなっているので、当然加振力も増大しており危険である。

　このように出力を上げようとすると、パワープラントとしての剛性向上が新たに問題となることが多い。そこで、シリンダーブロックやトランスミッションにガセットの座を確保する余裕があれば、図3のようにガセットを入れて、この部分の結合剛性を改善することができる。ただし、この座はガセットを取り付けられる強度と平面度が確保された加工面でなければならない。また、ボルトは太くないと効果が少ないので、最低でも8mmできれば10mmの径はほしい。ガセットは強度部材であるので、鋳物製か角材からの削り出し品とする。板金製では剛性不足である。一般に、エンジンの下部の結合剛性が上部にくらべて小さいので、クランクの中心線から下方に離れたところを連結するのがよい。ガセットはどうしても二面合わせにならざるを得ないので、直角度が大切である。取り付けに当たっては2つの面がシリンダーブロックとトランスミッションの前面に正しく密着するように気をつける。まず、ボルトを手で締めてガセットの面が相手に密着するようにし、数回に分けてエンジン側、ミッション側と交互に強く締めていく。最終的な締めつけトルクは、そのエンジンにトランスミッションを取り付けるときの指定値程度が無難である。もし、ガセットの取り付け方が悪いと、エンジンとトランスミッションの中心線が一直線にならず、角度がついてしまいトラブルの原因となる。なお、ガセットは片側だけに入れずに、なるべく対称に取り付けるのがよい。

図3　ガセットの入れ方

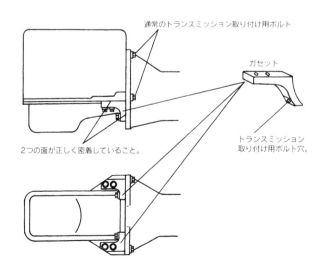

リブやフィンの一部を削った

　シリンダーブロックやヘッドなどの鋳物部品には、多くのリブやフィンおよびボスが配設されている。機能を果たしていないように見えるこれらの部分は、1gでも軽量化を図りたいチューニングでは、軽量化の対象になりやすい。また、新たな部品や改造品に交換するとき、リブやフィンに当たって取り付かない場合もある。一方、リブは強度を補うために、フィンは冷却のために設けられている。あるいはこの両方を兼ねている。また、ボスは他の部品を取り付けたり、ステーなどの補強部材を締結するためにある。したがって、これらを不用意に削ると取り返しがつかなくなる場合が多い。

　リブやフィンは鋳造時に創成されているので、これがついた状態で内部応力がバランスしている。もし、これらを削り取るとそのバランスがくずれ、ねじれたり反ったりすることがある。さらに、リブがなくなることで強度不足となり、変形が大きくなってガスや冷却水のシール性が損なわれることがある。また、その変形によって回転部分にしぶりが発生することさえある。

　高出力高回転をねらうチューニングでは、強度や冷却性能の確保は大切なので、なるべく削らない方が無難である。しかし、徹底的に軽量化を図るときには、問題が発生しないように削る。例えば、図2のように中央に高い応力が発生しそうな場合は力のかかり方を考えて、この部分は削らずに両端を軽量化する。このような軽量化ならば強度を犠牲にすること

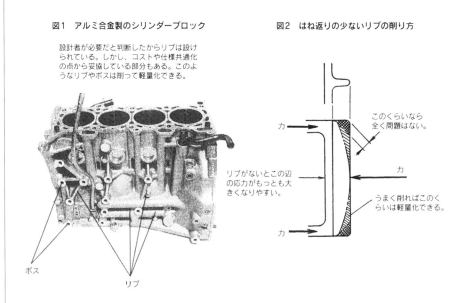

図1　アルミ合金製のシリンダーブロック

設計者が必要だと判断したからリブは設けられている。しかし、コストや仕様共通化の点から妥協している部分もある。このようなリブやボスは削って軽量化できる。

図2　はね返りの少ないリブの削り方

このくらいなら全く問題はない。

リブがないとこの辺の応力がもっとも大きくなりやすい。

うまく削ればこのくらいは軽量化できる。

はない。また、図3のように干渉を避けるために、リブの一部を完全に削り取る場合には、応力が集中しないようにする。邪魔な部分より少し手前から滑らかにリブを低くし、最後にはアールをつけて面と接線で結ぶ。リブを局部的に除去する場合も同様である。

　鋳物製のオイルパンのリブは、冷却効果と強度確保およびデザイン的な機能をもっている。基本的には冷却性能は冷却面積に、またリブの曲げ剛さは高さの3乗に比例する。しかし、冷却に関してはリブの全高がすべて有効に機能しているとは限らない。リブの先端と少し下の部分の温度があまり変わらない場合には、リブの先端部を一様にフライスで削ってもよい。リブの先端が機械加工されることで審美性も改善される。ヘッドカバーなどの飾りリブは高さが低く、これを削っても問題は起こらない。また、鋳造時の内部応力のバランスの変化にもほとんど影響は出ない。シリンダーブロックにノックセンサーが装着されているエンジンでは、ブロックのリブを除去すると表面の振動特性が変化して、ノッキングのセンシング特性に影響が出ることもある。レース用にチューニングする場合はエアコンは不要なので、コンプレッサー取り付け用のボスはいらない。しかし、ボス間を結ぶリブは強度メンバーになっていることもあるので、図4のように削れば機能を損なうことはない。その他にも必要に応じて使う捨てボスがあるが、これも同じ要領で除去できる。とくに、同じエンジンをいろいろな車体に載せる場合は捨てボスが多いので、根気よく削ると軽量化効果がある。だが、前項で説明したブロックにあるガセット取り付け用のフランジは、後で使うこともあるので残しておく。

図3　干渉を避けるときのリブの削り方

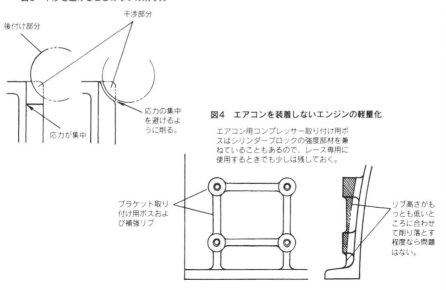

図4　エアコンを装着しないエンジンの軽量化

排気パイプの径を曲がりの部分で拡大した

　サーキットなどでチューニングした車両を見ると、排気パイプを曲げながら太くしたものがある。だが、これはかえって排気抵抗を増やしてしまい損である。一方、排気系の先端に取り付けるディフューザーはトランペット状に径を拡大しているが、これは排気の慣性効果を幅広いエンジン回転数で同調するのが目的である。このテーパーで排気の圧力が管端で反射してくるのを、あたかも排気管の長さが無段階に変わったように調節している。管の開放端と排気が流れる途中とでは、管径拡大の意味が異なっている。

　テールパイプの先端で、排気の圧力は大気圧と同じになる。一方、排気バルブが開いたときシリンダー内の高い圧力のガスが、勢いよく排気管を通ってテールパイプから吐出される。その慣性で排気ポート内が負圧になるのが排気の慣性効果である。つぎの瞬間、その負圧によってテールパイプの先端から流入する空気に押されて管内に残った排気が逆流する。あたかも排気管端から正圧が負圧に、負圧が正圧になって反射してくるような現象である。その周期は管の長さと密接な関係があり、排気バルブが閉じる直前まで負圧になるようにチューニングすると、掃気がスムーズに行われトルクが増大する。排気系を短くするとその周期も短くなるので、高速の伸びが改善される。逆に、低速トルクを改善するときには長くする。ところが、テールパイプ先端をテーパーにすると、管端が無段階に存在するような効果が出る。ディフューザー

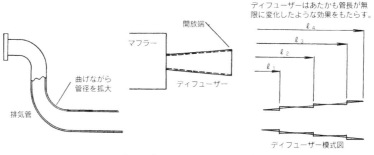

図1　排気系のパイプ径拡大の物理的な相異

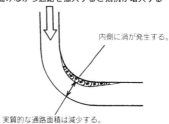

図2　曲げながら通路を拡大すると抵抗が増大する

は排気を吐き出しやすくするのではなく、あたかも排気管長を無段階に変えたような効果を得るためのものである。その結果、排気の慣性効果を幅広い回転数で利用でき、トルクがフラットになる。

一方、排気パイプの曲がりの部分は抵抗が大きそうであり、これを補おうとして管径を拡大すると図2のように剥離の発生を助長する。もともと曲がりの部分では排気は剥離を起こしやすいのに管径を拡大すると、これが一層ひどくなる。その結果、排気が流れる実効断面積が減り、かえって抵抗が増大する。これは慣性排気現象を活用する上にもマイナスである。また、曲がり部以降の排気管径を大きくし過ぎると、排気の流速が低くなって、気体のもつ慣性も小さくなる。エンジンがよほどの高速で回らないかぎり、排気パイプ径の極端な拡大は意味がない。排気の温度は排気バルブから遠ざかるにしたがって低くなるから、同じ管径でも流速は管端に近づくにつれ小さくなる。極言すれば、排気の流速を一定に保って慣性効果を利用しやすくしようとすれば、パイプ径は徐々に細くしてもよいくらいである。実用車で上流にあるフロントチューブがセンターチューブやテールパイプより太い排気系の例もある。複数の排気管が集まった後のパイプ内を流れる排気の流量は、排気ブランチ1本のシリンダー数倍である。しかし、複数のシリンダーが同時に排気をすることはないので、集合部以降でも少し太くする程度で十分である。ほぼ同じ太さのパイプで排気系を形成して、先端部にディフューザーを取り付けるのが現実的である。一方、排気マニホールドから先の排気系のつなぎの部分が図4のように、段違いにならないように気をつけることが大切である。

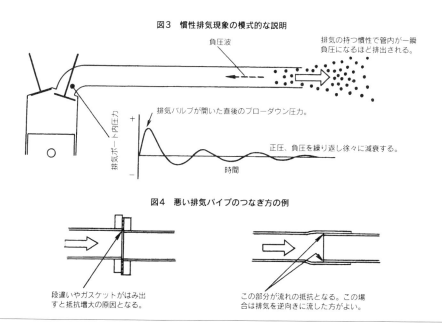

図3 慣性排気現象の模式的な説明

図4 悪い排気パイプのつなぎ方の例

燃料ギャラリーをつくり替えた

　電子制御式燃料噴射システムを装着したエンジンには、必ず各インジェクターに燃料を分配するためのギャラリーがある。また、このギャラリーの下流には噴射圧力を調整するプレッシャーレギュレーターが取り付けられている。チューンナップの一環として吸気マニホールドをつくり替えたり、インジェクターの形式の異なるものを使用するときには、燃料ギャラリーを替えなくてはならないことがある。そのとき、まず気をつけなくてはならないのが、ギャラリーとその周辺の強度と燃料の安定した分配および混入した気体がうまく燃料タンクに抜けるようにすることである。また、燃料漏れを絶対に起こさないように安全に留意する。

　燃料ギャラリーは図2のように、常時一定の燃料圧力を受けるのではなく、どこかのインジェクターが噴射しているときは一瞬圧力が下がり、つぎの瞬間にはその反動でウォーターハンマー的な現象が起き、圧力がスパイク状に上昇する。もし、燃料ギャラリーが細いと、瞬間的な圧力降下は大きくなる。ギャラリーから燃料を供給するインジェクターの数が多くなれば、あるシリンダーに燃料を噴射した圧力の影響を他のシリンダーが受けることがある。エンジンの運転状態によっては、運悪く圧力が下がった瞬間に開くインジェクターがあれば、このシリンダーは空燃比が薄くなってしまう。燃料は液体であり圧縮性がないので、ポンプからインジェクターまで連続流となり、燃料ギャラリーは太くする必要はな

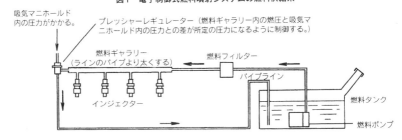

図1　電子制御式燃料噴射システムの燃料供給系

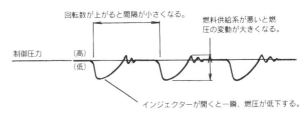

図2　燃料ギャラリー内の燃圧の変動（模式図）

いと考えるのは誤りである。燃料の脈動を除去するダンピング機能はいたるところにあるので、ギャラリーが金属製の燃料パイプラインより太くしないと、安定した供給燃圧を確保しにくい。また、ギャラリーの断面形状は図3のように、丸でも角形でも必要な断面積が確保されていてインジェクターとうまく接続できればどちらでもよい。

　燃料ギャラリーは比較的高い内圧を受け、しかもその圧力は変動しているので、つくり方が悪いと破壊する。また、インジェクターへのつなぎの部分のアライメントが出ていないと、不必要な応力が加わり亀裂や燃料漏れの原因となる。出来上がったら必ず耐圧テストを行う。常圧が$3kg/cm^2$程度のシステムに使うのなら、圧搾空気やボンベからの圧力を減圧して$10kg/cm^2$以上の内圧をかけ、水没し泡が出なければよい。だが、使用過程

中に亀裂が入ることもあるので、エンジン始動直後に漏れを点検することが必要である。また、燃料ギャラリーの各部はロー付けで接合するので、内面に剥がれ落ちて異物になりそうなところがないか点検する。手製でギャラリーをつくる場合は、表面処理をしていない錆の発生しやすそうなパイプなどは避けた方がよい。インジェクターの入口にはフィルターが装着されているが、この部分の詰まりがひどくなると、高負荷時に燃料の供給が追いつかなくなることがある。一方、インジェクターには扱いやすいトップフィード式と冷却性と燃料ベーパーの排出能力が高く高温始動性に優れたボトムフィード式があるが、燃料ギャラリーの考え方は同じである。燃料ギャラリーとインジェクターとのつなぎ方は、ゴムホースとOリングによるものがあるが、これはインジェクターの形式にしたがう。

図3　燃料ギャラリーの断面形状とインジェクターへの取り付け例

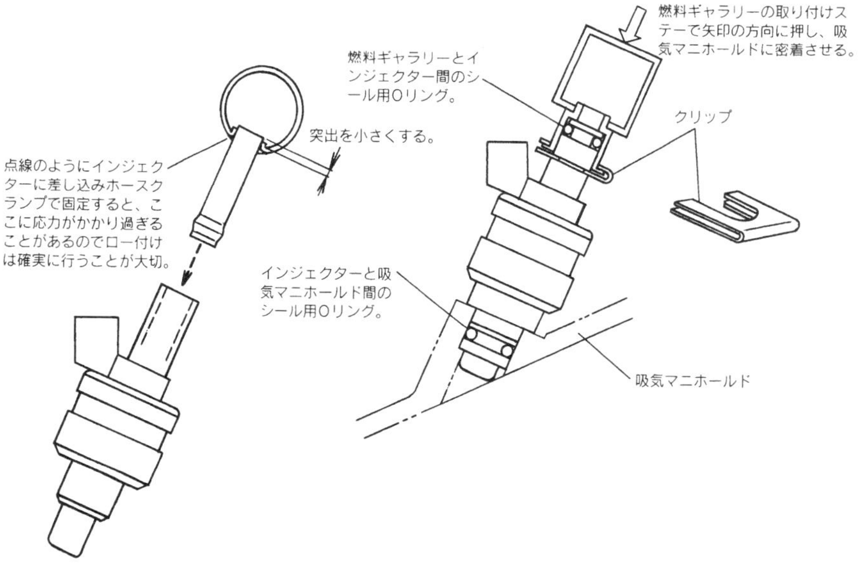

燃料ギャラリーとインジェクター間のシール用Oリング。

突出を小さくする。

料ギャラリーの取り付けステーで矢印の方向に押し、吸気マニホールドに密着させる。

クリップ

点線のようにインジェクターに差し込みホースクランプで固定すると、ここに応力がかかり過ぎることがあるのでロー付けは確実に行うことが大切。

インジェクターと吸気マニホールド間のシール用Oリング。

吸気マニホールド

クランクプーリーを小さくした

　サーキット走行専用にチューニングしたエンジンは、常用回転数および最高回転数が高く、標準のクランクプーリー径ではオルタネーターなどが過回転（オーバーラン）になってしまうことがある。これにより、補機類が壊れたりエンジンのフリクションを増大させるので、その回転数を許容値以下に保つようにクランク側のプーリー径を小さくするのが手軽である。しかし、これにははね返りがあるので、クランクプーリーの機能や駆動される補機類の特性を十分に検討してから作業に取りかかるのがよい。

　一般に使われているクランクプーリーは、ベルトを掛けて補機類を駆動すること以外に、図2のようにクランクシャフトの振動を低減させるダンパー機能をもつものが多い。さらに、このダイナミックダンパーはねじれおよび曲げ振動を減衰させる機能とに分かれ、前者だけあるいは双方の機能を備えている。ともに、質量とバネ要素であるゴムとで構成されていて、外周部分がねじれ振動の吸収、内側が曲げ振動の抑制用である。そして、ダンパーはクランクシャフトの固有振動数と加振力の周波数が整数倍の関係となって共振するエンジン回転数にチューニングしてある。例えば、図3のようにエンジンの回転数を上げていくと、特定の回転数のところで共振が起こり、ねじれ振動が極端に大きくなる。この振動数になるように質量とゴムのバネ定数を選べば、クランクシャフトが共振して振動するのをダンパーの質量が激しく振動して

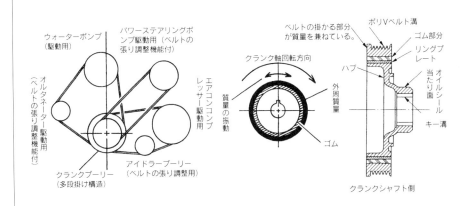

図1　補機類駆動ベルトプーリーの配置列

図2　ねじれ振動低減用シングルモードダンパー

吸収する。外周のベルトが掛かる部分がダンパーの質量となっているものでは、この部分の径を小さく削ると、ダンパーの共振周波数が高くなってしまう。場合によっては動吸振機能が働かず、騒音が大きくなるだけではなく、クランクシャフトが折損することがある。

軽量化のためにプーリーの内側に付いている曲げ振動吸収用のダンパーを取り外すと、クランクシャフトが特定の回転数で激しく曲げ振動を起こす。クランクシャフトのカウンターウェイトを重くした場合は、ねじれや曲げの固有振動数が低下するので、ダンパーの質量も大きくする必要がある。カウンターウェイトを軽くしたときはこの逆である。生産車のダイナミックダンパーは、そのエンジンの固有値にあわせて精密にチューニングされているので、クランクシャフトの重量部分や軸径を変えないかぎり、ダンパーの質量を変えるようなことはすべきではない。万一、クランクシャフトの共振を抑える振動数と無関係の周波数にダンパーがチューニングされると、ダンパーによる害の方がはるかに大きくなる。一方、クランクプーリーのベルトが掛かる部分がダンパーの質量でなければ、旋盤で削って径を小さくしたり肉抜きの穴を設けてもよい。できれば、動バランスもチェックしておく。だが、アイドリング回転数が同じなら、このときの発電量が不足するなどのはね返りに注意を要する。クランクプーリーの外周を小さくするとダンパーの特性が変化する場合は、オルタネーターなどの補機類側のベルトプーリーを大きくすればよい。例えば、エンジンの最高回転数が10%上がったら、オルタネーターのプーリー径を10%大きくする。この方法の利点は補機類の回転数を個別に調整できることである。

図3 ダイナミックダンパーによるねじれ振動の低減特性　　図4 デュアルモードダンパー付多段掛クランクプーリー

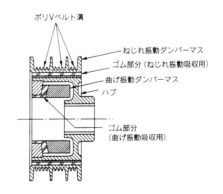

205

クランクのダイナミックダンパーを取り外した

実用エンジンでは、常用運転域にクランクシャフトのねじれ振動の共振回転数が存在する。クランクシャフトに加わる加振力の周波数がクランク系の固有振動数と一致する回転数で、クランクシャフトは激しく共振する。これが1次の共振であるが、さらに回転数が高いところに2次、3次などの高次の共振点がある。この他にもクランクの曲げ振動が問題になる。クランク系の共振はエンジン騒音の増大だけでなくクランクシャフト折損の原因となる。とくに恐いのが1次のモードのねじれ共振であり、図2のように4シリンダーエンジンの場合は応力が厳しくなるノード点（振動の節となる点）近辺の4番シリンダーのクランクアームやピンのところで切断することが多い。

クランクシャフトはどのように設計しても、質量と弾性的な要素があるので、固有値が存在する。そこで、クランクシャフトは可能なかぎり剛に設計して、固有振動数を高くして振動の振幅を小さくするとともに、高次の共振が常用回転域に入らないようにしている。それでも本格的なレーシングエンジンでは最高回転数が軽く15000rpmを超えるので、常用回転域に高次の共振点が入ってしまう。だが、レース用でも実用エンジンのチューニングでも振動に関する考え方は同じである。エンジンを破損するほどの共振による振動はダンパーで低減するのがもっとも現実的である。ねじれ振動に対しては図3のようなトーショナルダンパーが用いられる。乗用車ではラバーダンパ

図1　クランクシャフトのねじれ振動の共振

加振力の周期が振り子の周期と一致すると振幅はますます大きくなる。

加振力

ω

ωにねじれ振動が乗る。

クランクシャフトのねじれ振動の固有振動の周波数が加振力の周波数と一致するなど特定の関係になると、クランクシャフトは激しくねじれ振動を起こす。

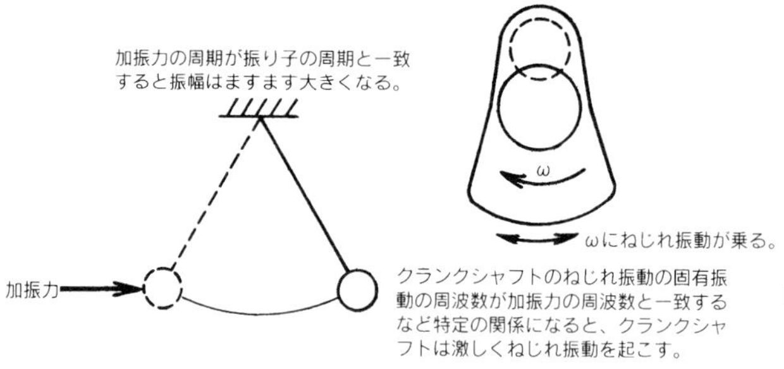

図2　クランクシャフトのねじれ共振による折損

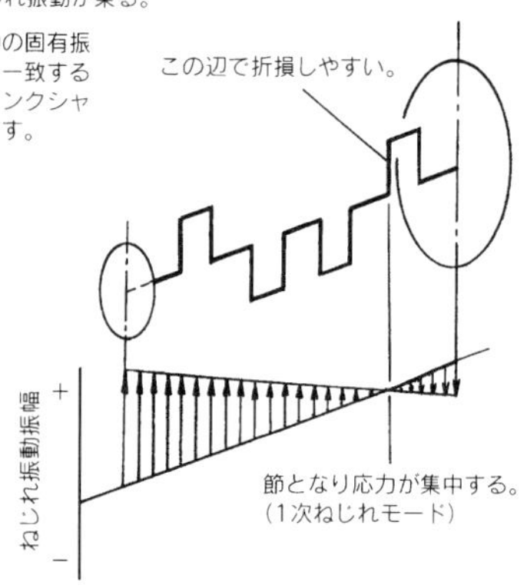

この辺で折損しやすい。

ねじれ振動振幅

節となり応力が集中する。
（1次ねじれモード）

ー(a)が、またさらに大きな制振能力が必要となる大型高出力のディーゼルエンジンには粘弾性を使ったビスカス式のダンパー(b)が装着されることもある。また、クランクシャフトの曲げ振動に対してはクランクプーリーの内側にもダイナミックダンパーを取り付けて、首振り振動を抑制する。この構造については、前項の図2をご参照いただきたい。

だが、ダイナミックダンパーは機能を発揮するためには質量が必要であるので、これを装着したクランクプーリーはかなり重くなる。しかし、どうしてもクランクプーリーの軽量化を図りたい場合は、内側の曲げ振動を抑制するダンパーを取り外す。クランクシャフトにとってねじれ振動は切損につながるが、曲げ振動は騒音を増大させるもののクランクを損なうほどではない場合が多い。しかし、曲げ共振時にはクランクがベアリングメタルを叩くので、この当たりが心配になる。ねじれ振動を抑制するプーリー外周の質量はかなり重く、これを取り外した新しいプーリーをつくりたくなる。だが、これは止めた方が無難である。図4のように質量を変えるだけでも、ダンパーの共振周波数が変化するので、クランクシャフトのねじれ振動の振幅は大きく変化する。質量が小さくなるとダンパーの共振周波数が増大するので、点線のように高速時の振動振幅は減少するが中速時にはかえって大きくなる。質量を大きくすれば、これとは逆に一点鎖線のように、低速時の振動は小さくなるが高速時には大きくなる。問題は最大の振動振幅時のクランクシャフトの応力が、疲労破壊の許容値を越すかどうかである。短時間のレース専用のエンジンならば、ダイナミックダンパーがなくても、クランクシャフトが疲労破壊を起こすようなことはない。

図3　ねじれ振動低減用ダンパー　　図4　ダイナミックダンパーの質量の影響

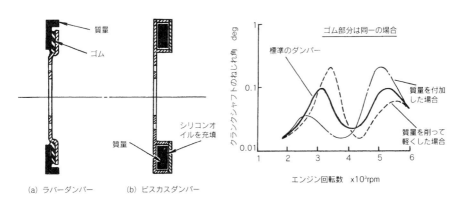

ブローバイを大気開放した

　結論から先にいうと、公道を走行するかぎりブローバイガスを直接大気に放出してはならない。ピストンエンジンはシリンダーとピストンとの隙間を通って、圧縮中や膨張行程中にクランクケースにガスが漏れてしまう。これがブローバイで、ハイドロカーボンを多く含んでいる。前にも説明したが、理論的にはピストンリングはリング溝の上か下かに密着しているはずである。それでもリングの合い口からガスは漏れるし、リングが浮き上がったらさらに多量のガスが吹き抜ける。クランクケースの中に漏れたブローバイガスは、エンジンオイルを未燃の燃料で希釈したり、酸化させたりする。

　これを防ぐために、実用車にはブローバイコントロールシステムが装着されている。図1に示すように簡単なシールドタイプと、積極的にクランクケースのベンチレーションを行うクローズドタイプがある。シールドタイプはクランクケースから溢れ出たブローバイガスを、ここより圧力の低いエアクリーナーのダーティサイド（エレメントの外側）に導き、ふたたびエンジンに吸入させる方式である。クランクケース内は常にブローバイガスで充満され、若干ではあるが正圧になる。これに対し、クローズドタイプはPCVバルブ（Positive Crankcase Ventilation）を備え、吸気マニホールドの負圧に応じてブローバイガスを吸引させるようになっている。エアクリーナーからの空気がヘッドカバーから入ってクランクケース内を清掃し、新気とともにシリン

図1　クランクケースベンチレーションシステム

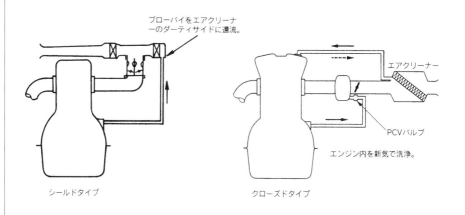

ダー内で燃焼される。PCVバルブは図2のような流量特性であり、吸気マニホールドの負圧が高くなってもブローバイガスが多量に吸引されないように制御される。もし、PCVバルブがないと負圧の高いアイドリング時などに、ブローバイガスによって空燃比が薄くなって、エンジンが不安定になるからである。フルスロットル時には吸気マニホールド内の負圧が低く、またターボで過給しているときにはマニホールド内が正圧になるので、ブローバイガスはエアクリーナー側に流入する。このようにしてクランクケース内は実用車の場合、＋30～－50mmAqに保たれるようになっている。なお、クランクケース内の圧力と大気圧との差が大きくなると、ガスケットや回転部分からのオイルのシールが難しくなる。

最近の実用エンジンは後者のタイプであり、PCVバルブが作動中は吸気がブローバイガスで薄められる。これを取り除くと、空気によるクランクケース内の洗浄ができなくなる。ドライサンプ式のレーシングエンジンでは、出力を向上させるためにクランクケース内を常に負圧に保っている。スキャベンジングポンプでオイルとともに吸引されたブローバイガスは、オイルと分離されオイルキャッチタンクに導かれ、さらにオイルを分離した後に大気に放出されるのが一般的である。この方式ではクランクケース内は常に新鮮な空気で洗浄されるが、その流入量を制御することにより適切な負圧に保たれる。実用エンジンをチューンナップして公道を走行する場合は法規に従わなければならない。排気規制では、ブローバイガスの排出はゼロと定められている。また、サーキット走行専用の場合はレギュレーションに決められたオイルキャッチタンクを装着しなくてはならない。

図2　PCVバルブの構造と流量特性

図3　サーキット走行専用車のブローバイ処理例

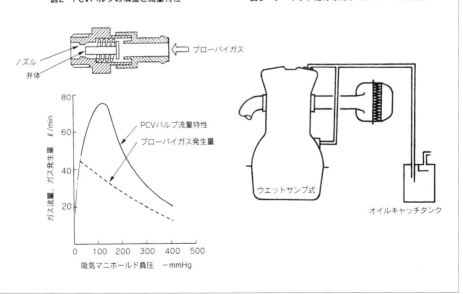

コンピューターのROMを変更した

　エンジンの性能向上の基本は、吸入空気量の増大と急速な燃焼およびフリクションの低減である。エンジンマネージメントシステムの中心は小さなROM（Read Only Memory）であり、エンジンの空燃比や点火時期、アイドリングやウォーミングアップ中の回転数、燃料カット、場合によってはスロットル開度や変速特性なども制御している。電制ターボシステムでは過給圧も制御する。レース専用のエンジンの制御系については拙著「レーシングエンジンの徹底研究」に詳しく述べてあるので、ここでは実用車のエンジンをチューンナップして街乗りやサーキットでのスポーツ走行を楽しむ場合について説明する。

　吸排気系や圧縮比などのハードウェアを改造しても、空燃比や点火時期などの運転変数を最適値に合わせなければ、ハードのもつポテンシャルを100パーセント引き出すことはできない。吸排気系やバルブタイミングをチューニングして吸入空気量が増大すれば、それに応じて燃料噴射量を増やさなければ空燃比が薄くなってしまう。さらに、出力混合比が濃いところにあれば、それ以上に燃料噴射パルスを長くしなければならない。また、圧縮比を高くしたり、排気系のチューニングなどで残留ガスが減った場合には、点火時期を遅らせることが必要になる。本書の最初の方で説明したが、出力を重視した燃料供給量は空燃比がLBTに、点火時期はMBTかそこまで進めないうちにノッキングが起こる場合にはその少し

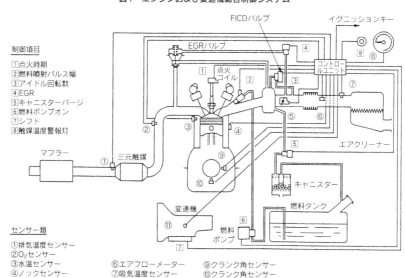

図1　エンジンおよび変速機総合制御システム

手前にセットする。

エンジンマネージメントシステムの基本制御は図2のようなマップであり、その格子点間は補完するようになっている。O_2センサーやノックセンサーからの信号で空燃比や点火時期をフィードバックするときにも、この基本の値に修正を加えて行うのが一般的である。チューニング用のROMとして市販されているものもあるようだが、これが改造したハードウェアにぴったり適合するのはきわめて稀である。ハードの仕様はさまざまであり、要求される運転変数もそれによって異なる。したがって、制御マップや過渡状態などの制御特性をROMライターを用いて変更することが必要になる。

このときの問題点は、公道を走行する場合に排気規制に適合していなければならないことである。代表的な公道走行を模した排気評価モードの走行において、HC、CO、NO_Xが規制値以下であることが必要である。空燃比がフィードバックされているエンジンであれば、中低速走行時の基本パルス幅を大きくし過ぎなければ適正値に制御される。これで三元触媒は正しく作動できる。だが、点火時期を進め過ぎてノッキングを起こしかけたり、圧縮比を上げて触媒の処理能力以上にエンジンからNO_Xが排出されると、規制レベルを越してしまう。空燃比が正しく制御されていれば、少し乱暴であるが触媒の容量を増やすことで規制物質を低減することができる。高速高負荷時の排気は規制されてはいないが、環境を守るためには悪化しないようにすべきである。空燃比が濃ければ酸素が不足してCO濃度は高くなるが、還元物質が多くなるので逆にNO_Xは低減する。サーキット走行だけに使用する場合には、目的に合わせてROMをマッチングすることができる。

図2　マップ制御の原理　　　　　　図3　排気組成に与える空燃比の影響

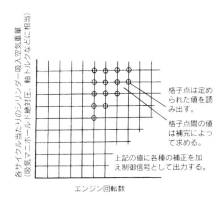

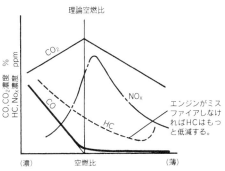

インジェクターを噴射量の多いものに交換した

　エンジンのパワーアップを図るためには、まず図示出力を増大させなければならない。そのためには、多量の空気を吸入して、燃料を効率よく燃焼させることが必要になる。吸入空気量を増大させるためには、①慣性効果を利用したりターボの過給圧を高くして各サイクルごとの充填効率を上げる、②高速回転化を図る、あるいはこれらを組み合わせる。そして、その増大した空気量で燃料をより多量に、そして急速に燃焼させることにより、ピストンに加わるガス圧が高くなり、図示平均有効圧が大きくなる。一方、空燃比を同じに保つためには、吸入空気量の増大と同じ割合だけ供給すべき燃料の量も多くしなくてはならない。そこで、インジェクターの容量が問題になる。

　①の場合は図1のように燃料噴射パルスの幅を長くするか、燃料流量の大きなインジェクターに交換して空気量とのバランスを確保する。パルス幅を長くするときの問題点は、燃料を供給すべき時間内に噴射を終了できなくなることである。容量の大きなインジェクターを使えばパルス幅が同じでも、燃料噴射量は多くなる。しかし、パルス幅が最小となるアイドリング時には、燃料供給量が多くなり過ぎてしまう。そこで、パルス幅を小さくすると、インジェクターの相対的な分解能力が低下して空燃比のばらつきが大きくなる。これについては後で説明する。②の高速回転化はエンジンが1回転する時間が短くなるので、パルス幅を長くするのは難しい。むしろ、燃料を供給する最

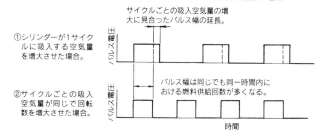

図1　吸入空気量の増大対策に対応した燃料供給量の増加

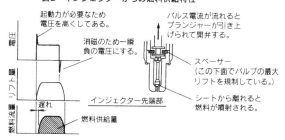

図2　インジェクターからの燃料供給特性

適なタイミングは短くなるので、短時間に噴射を終えるように流量の大きなインジェクターを使った方がよい場合がある。図2にインジェクターに加わるパルスと弁体の動きおよび燃料流量を示す。燃料噴射パルスが急激に変化しても残留磁気のために、弁体はパルス通りにはリフトせずに鈍った立ち上がりになる。一方、燃料にも慣性や粘性があるのでさらに遅れ、パルスとはかなり異なった流量特性となる。また、リフトした弁体は残留磁気のために、噴射パルスが終了しても一瞬リフトを取ったままでいる。インジェクターの動き始めと終わりの不安定な流量特性は避けられないので、パルスが短い場合には、この部分の影響が相対的に大きくなる。したがって、パルス幅を短くするのには限度があり、アイドリング時のパルス幅をあまり小さくする（例えば2.3ms、2.3／1000秒以下）のは危険である。

インジェクターの容量には、通電したまま燃料を連続噴射させる静的な流量と、一定幅のパルスにより一定回数だけ間欠噴射させる動的な流量特性がある。インジェクターを大きくするひとつの目安としては、吸入空気量の増大とほぼ同じ割合だけ流量の大きなものを使用する。例えば、シリンダーが1回に吸入する空気量が10％増大したり、最高回転数が10％高くなれば、容量が10％ほど大きなインジェクターを使う。いずれの場合もアイドリング時の空燃比の安定化が問題となるが、回転数を高くすることで多少は対策できる。このとき、クラッチを踏んでもギアが入りにくくなったり、燃料カットが利きにくくなることがあるので、調整が大切である。インジェクターの容量を変えた場合は前項で説明したように、コントロールユニット（コンピューター）のROMを変更することが必要になる。

図3　インジェクターの噴射量の測定

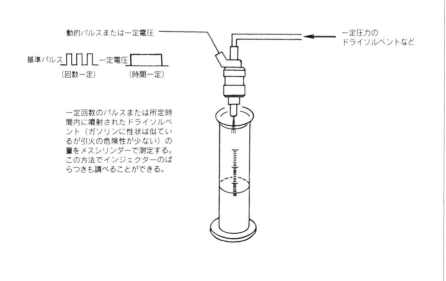

お わ り に

　本書は、私自身の本格的なレーシングエンジンの開発や市販のエンジンをチューンしてレースに出たり、一味ちがった街乗りを楽しんだりした経験をもとに執筆した。複雑な総合機械であるエンジンは日進月歩であり、その進化が止まることがない。燃料のシリンダー内への直接噴射による成層燃焼もリーンで燃焼させるための暫定解だと思っている。まだ、究極のエンジンといえるものは出現していないし、これからもその状態が続くであろう。エンジンは熱エネルギーを仕事に変える機械である。その過程では熱力学の法則から逸脱することはできないし、真理に基づいた変換しか行うことができない。エンジンが存在する限り、出力と燃費の基本的な性能の向上は永遠の課題である。また、排気や騒音、リサイクル、生産時の省エネルギー化なども新たな性能である。チューニングはエンジンの基本的な使命である熱エネルギーを効率よく仕事に変換する技術の追求であるといえる。本書により、エンジンのチューニングの奥の深さと科学性および他への応用性についてご理解いただけたら幸甚である。

　参考文献としては拙著「乗用車用ガソリンエンジン入門」、「レーシングエンジンの徹底研究」、「レース用NAエンジン」、および石田宣之著「高性能エンジンとは何か」、瀬名智和著「エンジンの過去・現在・未来」、長谷川浩之著「HKS流エンジンチューニング」（いずれもグランプリ出版）などがあります。ぜひこれらの本もあわせてお読み下さい。

林　義　正

索　引

〈ア行〉

圧縮比 ････････････････････････････････9
インジェクター ･･･････････････････170，212
薄型リング ･･････････････････････････51
エアクリーナー・エレメント ･･･････････100
ADポート ･･････････････････････････110
SN曲線 ･･･････････････････････････13
MBT ･･････････････････････････････14
LBT ･･･････････････････････････････16
エンジン搭載姿勢 ････････････････････195
オルタネーター ･･･････････････････････169

〈カ行〉

回転型燃料ポンプ ･･･････････････････177
回転慣性モーメント ･･･････････････････38
カウンターウェイト ･･･････････････････182
ガス流動 ･･････････････････････････9
カムプロフィール ･････････････････････190
慣性効果 ･･････････････････････････8
急速燃焼 ･････････････････････････10
吸入効率 ･･････････････････････････8
境界層 ･･････････････････････････22
共振点 ･･････････････････････････196
空燃比 ･････････････････････････16
クランクケースベンチレーション ･･･････208
クランクプーリー ････････････････････204
クローズイン ･････････････････129，173
結合剛性 ･･･････････････････････196
高圧縮比化 ･･･････････････････････18
硬化層 ･･･････････････････････････27
コブラポート ･･･････････････････････24
固有振動数 ･･･････････････････････206
コンプレッションハイト ････････････････50

〈サ行〉

3本リング ･･････････････････････････52
CDI ･･･････････････････････････････165
CD（コンデンサーディスチャージ）方式 ･･･83
充填効率 ･･････････････････････････8
正味平均有効圧 ････････････････････11
スキャベンジポンプ ･････････････････163
図示馬力 ･･････････････････････････10
ストレスマウント ･･･････････････････196
スロットルバルブ ･････････････････････98

〈タ行〉

静バランス ･･････････････････････37，192
塑性域締結法 ･･･････････････････････136
損失馬力 ･････････････････････････10

〈タ行〉

タービュレンス ･･････････････････････21
ダイアフラムスプリング ･･･････････････104
体積効率 ･･･････････････････････････8
ダイナミックダンパー ･･･････････････204
鍛造ピストン ･･･････････････････････40
タンブルフロー ･･････････････････････21
チタン製コンロッド ･･･････････････････173
低圧配電システム ･･･････････････････166
抵抗入りハイテンションコード ･･･････････166
低粘度オイル ･･･････････････････････60
点火エネルギー ･･････････････････････82
点火時期 ･･･････････････････････････14
電子制御式燃料噴射システム ･･･････････170
動バランス ･･････････････････････36，192
トーショナルダンパー ･･･････････････206
トップフィード式インジェクター ･･･････････170

〈ナ行〉

2本リング ･･････････････････････････52
燃焼室容積 ･･････････････････････155
燃料ギャラリー ･･････････････････････202
燃料噴射パルス ･････････････････････212
燃料ポンプ ･････････････････････････176
ノッキング ･････････････････････････14

〈ハ行〉

排気抵抗 ･･････････････････････････72
排気の慣性効果 ･･･････････････････200
排気パイプ ･････････････････････････200
バッテリー ･･････････････････････････168
バッフルプレート ････････････････････186
バリ ････････････････････････････138
バルブオーバーラップ ････････････････28
バルブクリアランス ･･････････････････151
バルブタイミング・ダイアグラム ･･････････28
バルブリセス ･･･････････････････41，158
PCVバルブ ･･･････････････････････208
ピストンクリアランス ･････････････････42
ピストンピンのオフセット ･････････････41

215

疲労破壊 ……………………………………132
プラグギャップ ……………………………80
フラッタリング ……………………………52
プラトーホーニング ……………………178
フリクション ………………………………11
ブレークダウン電流 ………………………82
プレーンベアリング ……………………126
プレッシャーレギュレーター ………177
ブローバイガス …………………………208
ヘッドガスケット ………………………174
ホーニング ………………………………178
ホワイトメタル …………………………126

〈マ行〉
マウンティング …………………………194
摩擦馬力 ……………………………………10
摩擦平均有効圧 ……………………………11
マルティポイント・インジェクション …………170

メインベアリングキャップ ………………188
メタルガスケット ………………………174

〈ヤ行〉
誘導式点火システム ……………………164
誘導成分 ……………………………………82
容積効率 ……………………………………8
容量成分 ……………………………………82

〈ラ行〉
ラジエター加圧キャップ ………………124
ラジエターコア …………………………120
ラップ ………………………………………32
理論熱効率 …………………………………18
臨界圧 ………………………………………86
臨界温度 ……………………………………61
ROM ………………………………………210
ロングライフクーラント …………………68

216

〈著者紹介〉

林　義正（はやし・よしまさ）
工学博士
1939年3月東京都生まれ。九州大学工学部航空工学科卒業。1962年日産自動車㈱入社。中央研究所（当時）で高性能エンジンの研究、排気清浄化技術の開発、騒音振動低減技術の開発などを経て、スポーツエンジン開発室長、スポーツ車両開発センター長を歴任。日産のレース活動を率い、全日本スポーツプロトカー耐久レース3年連続選手権獲得。米国IMSA-GTPレース4連続選手権獲得、第30回デイトナ24時間耐久レースで数々の記録を樹立して日本車として初優勝。1994年2月に退社。同年4月に東海大学工学部動力機械工学科教授に就任、総合科学技術研究所教授を歴任。2008年、学生チームとしてル・マンに世界初出場。2012年退官と同時に㈱ワイ・ジー・ケー最高技術顧問。主な受賞歴にSpirit of Le Mans Trophy、科学技術庁長官賞、日本機械学会賞、自動車技術会賞などがある。著書に『ル・マン24時間』、『大車林　自動車情報事典』（監修と執筆、㈱三栄書房）、『世界最高のレーシングカーをつくる』（光文社新書）『レーシングエンジンの徹底研究』、『レース用NAエンジン』、『乗用車用ガソリンエンジン入門』、『林教授に訊く「クルマの肝」』、『自動車工学の基礎理論』（共にグランプリ出版）などがある。

エンジンチューニングを科学する

著　者	**林　義正**
発行者	**山田国光**

発行所	**株式会社グランプリ出版**
	〒101-0051　東京都千代田区神田神保町1-32
	電話 03-3295-0005㈹　FAX 03-3291-4418
	振替 00160-2-14691

印刷・製本	モリモト印刷株式会社